建设工程识图高手训练营系列丛书

电气施工图识读

本书编委会 编

中国建筑工业出版社

图书在版编目（CIP）数据

电气施工图识读/本书编委会编. —北京：中国建筑工业出版社，2015.9
（建设工程识图高手训练营系列丛书）
ISBN 978-7-112-18139-1

Ⅰ.①电… Ⅱ.①本… Ⅲ.①电气制图-识别 Ⅳ.①TM02

中国版本图书馆 CIP 数据核字（2015）第 104311 号

本书结合施工图识读实例，详细介绍了电气施工图识读的思路、方法和技巧，全书共分 8 章，内容主要包括：电气工程制图基础、识读变配电工程图、识读动力与照明工程图、识读送电线路工程图、识读建筑防雷与接地工程图、识读建筑电气设备控制工程图、识读建筑弱电工程图以及某小区 1～6 号砌体结构住宅楼电气工程施工图实例解析等。

本书可供从事电气工程设计工作人员、施工技术人员使用，也可供各高校建筑专业师生参考使用。

* * *

责任编辑：岳建光 张 磊
责任设计：董建平
责任校对：陈晶晶 关 健

建设工程识图高手训练营系列丛书
电气施工图识读
本书编委会 编

*

中国建筑工业出版社出版、发行（北京西郊百万庄）
各地新华书店、建筑书店经销
霸州市顺浩图文科技发展有限公司制版
北京富生印刷厂印刷

*

开本：787×1092 毫米 横 1/16 印张：11½ 字数：325 千字
2015 年 8 月第一版 2015 年 8 月第一次印刷
定价：**28.00** 元
ISBN 978-7-112-18139-1
（27379）

版权所有 翻印必究
如有印装质量问题，可寄本社退换
（邮政编码 100037）

本书编委会

主编：王建彬

编委：王红微　张　彤　杨忠兴　李春娜

　　　王　慧　齐向清　刘卫国　夏　欣

　　　张淑鑫　白海军

前 言

电气工程是工程建设中的一个重要分支，随着建筑智能化的迅速发展，电气工程的地位和作用越来越重要，直接关系到整个工程的质量、工期、投资和预期效果。作为电气施工的主要技术依据，电气施工图纸与施工过程的规范性以及施工质量密切相关，而电气工程施工质量同时又与整个配电工程的质量甚至是工程投产后的生产效率有着直接关系。建筑电气工程图是整个建筑工程设计的重要组成部分，是安排和组织施工安装的主要依据，因此，识读建筑电气工程图是相关工程技术人员、施工人员必备的基本技能。基于此，我们组织编写了本书。

本书依据最新国家制图标准进行编写，内容简明实用，重点突出，结合大量具有代表性的工程施工图实例，注重工程实践，侧重实际工程图的识读，便于读者结合实际，系统地掌握相关知识。

由于编者水平有限，书中难免有不当和错误之处，敬请广大读者提出宝贵意见。

目 录

1 电气工程制图基础 ··· 1
　1.1 基本规定 ··· 1
　　1.1.1 图线 ·· 1
　　1.1.2 比例 ·· 2
　　1.1.3 编号和参照代号 ·· 2
　　1.1.4 标注 ·· 3
　1.2 常用符号 ··· 3
　　1.2.1 图形符号 ··· 3
　　1.2.2 文字符号 ··· 20
2 识读变配电工程图 ··· 31
　2.1 识读变配电系统主接线图 ·· 31
　2.2 识读变配电所平面布置图 ·· 42
　2.3 识读变配电系统二次电路图 ·· 48
3 识读动力与照明工程图 ·· 67
　3.1 识读动力与照明系统图 ··· 67
　3.2 识读动力与照明平面图 ··· 75
4 识读送电线路工程图 ·· 83
　4.1 识读架空线路平面图与断面图 ··· 83
　4.2 识读高压架空线路施工组装图 ··· 86
　4.3 识读电力电缆线路工程平面图 ··· 94
5 识读建筑防雷与接地工程图 ·· 99
　5.1 识读建筑防雷电气工程图 ·· 99
　5.2 识读建筑接地电气工程图 ·· 105
　5.3 识读等电位联结工程图 ··· 116

6 识读建筑电气设备控制工程图 ... 125
6.1 识读电气控制电路图 ... 125
6.2 识读电气控制接线图 ... 136
6.3 识读建筑电气设备电路图 ... 139

7 识读建筑弱电工程图 ... 149
7.1 识读通信网络系统工程图 ... 149
7.2 识读安全防范系统工程图 ... 158
7.3 识读火灾自动报警系统与消防联动控制系统工程图 ... 166
7.4 识读综合布线系统工程图 ... 168

8 某小区 1~6 号砌体结构住宅楼电气工程施工图实例解析 ... 172

参考文献 ... 178

1 电气工程制图基础

1.1 基本规定

1.1.1 图线

(1) 建筑电气专业的图线宽度（b）应根据图纸的类型、比例和复杂程度，按现行国家标准《房屋建筑制图统一标准》GB/T 50001—2010 的规定选用，并宜为 0.5mm、0.7mm、1.0mm。
(2) 电气总平面图和电气平面图宜采用三种及以上的线宽绘制，其他图样宜采用两种及以上的线宽绘制。
(3) 同一张图纸内，相同比例的各图样，宜选用相同的线宽组。
(4) 同一个图样内，各种不同线宽组中的细线，可统一采用线宽组中较细的细线。
(5) 建筑电气专业常用的制图图线、线型及线宽宜符合表 1-1 的规定。

制图图线、线型及线宽　　　　　　　　　　　　　　　　　　　　　　　表 1-1

名称		线型	线宽	一般用途
实线	粗	———	b	本专业设备之间电气通路连接线、本专业设备可见轮廓线、图形符号轮廓线
	中粗	———	$0.7b$	本专业设备可见轮廓线、图形符号轮廓线、方框线、建筑物可见轮廓
	中	———	$0.5b$	
	细	———	$0.25b$	非本专业设备可见轮廓线、建筑物可见轮廓；尺寸、标高、角度等标注线及引出线
虚线	粗	- - - - -	b	本专业设备之间电气通路不可见连接线；线路改造中原有线路
	中粗	- - - - -	$0.7b$	本专业设备不可见轮廓线、地下电缆沟、排管区、隧道、屏蔽线、连锁线
	中	- - - - -	$0.5b$	
	细	- - - - -	$0.25b$	非本专业设备不可见轮廓线及地下管沟、建筑物不可见轮廓线等

续表

名称		线型	线宽	一般用途
波浪线	粗	～～～～～	b	本专业软管、软护套保护的电气通路连接线、蛇形敷设线缆
	中粗	～～～～～	0.7b	
单点长画线		—·—·—·—	0.25b	定位轴线、中心线、对称线;结构、功能、单元相同围框线
双点长画线		—··—··—	0.25b	辅助围框线、假想或工艺设备轮廓线
折断线		—∧—	0.25b	断开界线

1.1.2 比例

(1) 电气总平面图、电气平面图的制图比例,宜与工程项目设计的主导专业一致,采用的比例宜符合表1-2的规定,并应优先采用常用比例。

电气总平面图、电气平面图的制图比例　　　　　　　　　　　　　　表1-2

序号	图名	常用比例	可用比例
1	电气总平面图、规划图	1∶500、1∶1000、1∶2000	1∶300、1∶5000
2	电气平面图	1∶50、1∶100、1∶150	1∶200
3	电气竖井,设备间,电信间,变配电室等平、剖面图	1∶20、1∶50、1∶100	1∶25、1∶150
4	电气详图、电气大样图	10∶1、5∶1、2∶1、1∶1、1∶2、1∶5、1∶10、1∶20	4∶1、1∶25、1∶50

(2) 电气总平面图、电气平面图应按比例制图,并应在图样中标注制图比例。
(3) 一个图样宜选用一种比例绘制。选用两种比例绘制时,应做说明。

1.1.3 编号和参照代号

(1) 当同一类型或同一系统的电气设备、线路(回路)、元器件等的数量大于或等于2时,应进行编号。

(2) 当电气设备的图形符号在图样中不能清晰地表达其信息时，应在其图形符号附近标注参照代号。

(3) 编号宜选用1、2、3……数字顺序排列。

(4) 参照代号采用字母代码标注时，参照代号宜由前缀符号、字母代码和数字组成。当采用参照代号标注不会引起混淆时，参照代号的前缀符号可省略。

(5) 参照代号可表示项目的数量、安装位置、方案等信息。参照代号的编制规则宜在设计文件里说明。

1.1.4　标注

(1) 电气设备的标注应符合下列规定：

1) 宜在用电设备的图形符号附近标注其额定功率、参照代号。

2) 对于电气箱（柜、屏），应在其图形符号附近标注参照代号，并宜标注设备安装容量。

3) 对于照明灯具，宜在其图形符号附近标注灯具的数量、光源数量、光源安装容量、安装高度、安装方式。

(2) 电气线路的标注应符合下列规定：

1) 应标注电气线路的回路编号或参照代号、线缆型号及规格、根数、敷设方式、敷设部位等信息。

2) 对于封闭母线、电缆梯架、托盘和槽盒宜标注其规格及安装高度。

1.2　常用符号

1.2.1　图形符号

(1) 图样中采用的图形符号应符合下列规定：

1) 图形符号可放大或缩小。

2) 当图形符号旋转或镜像时，其中的文字宜为视图的正向。

3) 当图形符号有两种表达形式时，可任选用其中一种形式，但同一工程应使用同一种表达形式。

4) 当现有图形符号不能满足设计要求时，可按图形符号生成原则产生新的图形符号；新产生的图形符号宜由一般符号与一个或多个相关的补充符号组合而成。

5) 补充符号可置于一般符号的里面、外面或与其相交。

(2) 强电图样宜采用表1-3的常用图形符号。

强电图样的常用图形符号

表 1-3

序号	常用图形符号 形式1	常用图形符号 形式2	说明	应用类别
1	⫽	―3―	导线组(示出导线数,如示出三根导线)	电路图、接线图、平面图、总平面图、系统图
2	∽		软连接	
3	○		端子	
4	▭▭▭▭		端子板	电路图
5	⊥	⊥•	T形连接	电路图、接线图、平面图、总平面图、系统图
6	⊥⊤	⊥•⊤	导线的双T连接	
7	╪		跨接连接(跨越连接)	
8	⊃		阴接触件(连接器的)、插座	电路图、接线图、系统图
9	■		阳接触件(连接器的)、插头	电路图、接线图、平面图、系统图
10	⌐		定向连接	
11	⌐⌐		进入线束的点(本符号不适用于表示电气连接)	电路图、接线图、平面图、总平面图、系统图
12	―▭―		电阻器,一般符号	
13	╪		电容器,一般符号	
14	▽		半导体二极管,一般符号	电路图
15	▽		发光二极管(LED),一般符号	
16	▽		双向三极闸流晶体管	
17	▽		PNP 晶体管	
18	★		电机,一般符号,见注2	电路图、接线图、平面图、系统图
19	(M 3~)		三相笼式感应电动机	电路图
20	(M 1~)		单相笼式感应电动机,有绕组分相引出端子	
21	(M 3~)		三相绕线式转子感应电动机	
22	⦵	⋈	双绕组变压器,一般符号(形式2可表示瞬时电压的极性)	电路图、接线图、平面图、总平面图、系统图 形式2只适用电路图
23	⦵	⋈	绕组间有屏蔽的双绕组变压器	
24	⦵	⋈	一个绕组上有中间抽头的变压器	
25	⦵	⋈	星形-三角形连接的三相变压器	

续表

序号	常用图形符号		说 明	应用类别	序号	常用图形符号		说 明	应用类别
	形式1	形式2				形式1	形式2		
26			具有4个抽头的星形-星形连接的三相变压器	电路图、接线图、平面图、总平面图、系统图 形式2只适用电路图	33			可调压的单相自耦变压器	电路图、接线图、系统图 形式2只适用电路图
27			单相变压器组成的三相变压器,星形-三角形连接		34			三相感应调压器	
28			具有分接开关的三相变压器,星形-三角形连接	电路图、接线图、平面图、系统图 形式2只适用电路图	35			电抗器,一般符号	
29			三相变压器,星形-星形-三角形连接	电路图、接线图、系统图	36			电压互感器	
30			自耦变压器,一般符号	电路图、接线图、平面图、总平面图、系统图 形式2只适用电路图	37			电流互感器,一般符号	电路图、接线图、平面图、总平面图、系统图 形式2只适用电路图
31			单相自耦变压器	电路图、接线图、系统图 形式2只适用电路图	38			具有两个铁心,每个铁心有一个次级绕组的电流互感器,见注3,其中形式2中的铁心符号可以略去	电路图、接线图、系统图 形式2只适用电路图
32			三相自耦变压器,星形连接						

续表

序号	常用图形符号		说　　明	应用类别	序号	常用图形符号		说　　明	应用类别
	形式1	形式2				形式1	形式2		
39			在一个铁心上具有两个次级绕组的电流互感器,形式2中的铁心符号必须画出		45	○			
40			具有三条穿线一次导体的脉冲变压器或电流互感器		46	□		物件,一般符号	电路图、接线图、平面图、系统图
41			三个电流互感器		47	注4			
42			具有两个铁心,每个铁心有一个次级绕组的三个电流互感器,见注3	电路图、接线图、系统图 形式2只适用电路图	48			有稳定输出电压的变换器	电路图、接线图、系统图
43			两个电流互感器,导线L1和导线L3;三个次级引线引出		49			频率由f1变到f2的变频器(f1和f2可用输入和输出频率的具体数值代替)	电路图、系统图
44			具有两个铁心,每个铁心有一个次级绕组的两个电流互感器,见注3		50			直流/直流变换器	电路图、接线图、系统图

1 电气工程制图基础

续表

序号	常用图形符号		说 明	应用类别	序号	常用图形符号		说 明	应用类别
	形式1	形式2				形式1	形式2		
51			整流器	电路图、接线图、系统图	60			先断后合的转换触点	电路图、接线图
52			逆变器		61			中间断开的转换触点	
53			整流器/逆变器		62			先合后断的双向转换触点	
54			原电池,长线代表阳极,短线代表阴极		63			延时闭合的动合触点(当带该触点的器件被吸合时,此触点延时闭合)	
55			静止电能发生器,一般符号	电路图、接线图、平面图、系统图	64			延时断开的动合触点(当带该触点的器件被释放时,此触点延时断开)	
56			光电发生器	电路图、接线图、系统图	65			延时断开的动断触点(当带该触点的器件被吸合时,此触点延时断开)	
57			剩余电流监视器		66			延时闭合的动断触点(当带该触点的器件被释放时,此触点延时闭合)	
58			动合(常开)触点,一般符号;开关,一般符号	电路图、接线图	67			自动复位的手动按钮开关	
59			动断(常闭)触点		68			无自动复位的手动旋转开关	

续表

序号	常用图形符号 形式1	常用图形符号 形式2	说 明	应用类别	序号	常用图形符号 形式1	常用图形符号 形式2	说 明	应用类别
69		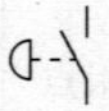	具有动合触点且自动复位的蘑菇头式的应急按钮开关		80			断路器,一般符号	
70		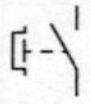	带有防止无意操作的手动控制的具有动合触点的按钮开关		81			带隔离功能断路器	
71		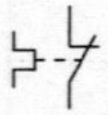	热继电器,动断触点	电路图、接线图	82			剩余电流动作断路器	
72		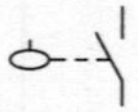	液位控制开关,动合触点		83			带隔离功能的剩余电流动作断路器	
73		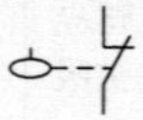	液位控制开关,动断触点		84			继电器线圈,一般符号;驱动器件,一般符号	
74		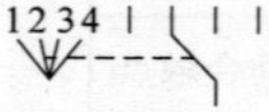	带位置图示的多位开关,最多四位	电路图	85			缓慢释放继电器线圈	电路图、接线图
75			接触器;接触器的主动合触点(在非操作位置上触点断开)		86			缓慢吸合继电器线圈	
76		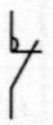	接触器;接触器的主动断触点(在非操作位置上触点闭合)		87			热继电器的驱动器件	
77		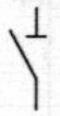	隔离器	电路图、接线图	88			熔断器,一般符号	
78		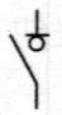	隔离开关		89			熔断器式隔离器	
79			带自动释放功能的隔离开关(具有由内装的测量继电器或脱扣器触发的自动释放功能)		90			熔断器式隔离开关	

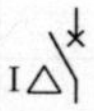

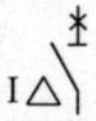

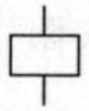

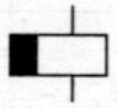

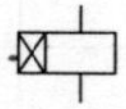

1 电气工程制图基础

续表

序号	常用图形符号 形式1	常用图形符号 形式2	说明	应用类别	序号	常用图形符号 形式1	常用图形符号 形式2	说明	应用类别
91			火花间隙	电路图、接线图	104	○		变电站、配电所,规划的(可在符号内加上任何有关变电站详细类型的说明)	总平面图
92			避雷器						
93			多功能电器,控制与保护开关电器(CPS)(该多功能开关器件可通过使用相关功能符号表示可逆功能、断路器功能、隔离功能、接触器功能和自动脱扣功能。当使用该符号时,可省略不采用的功能符号要素)	电路图、系统图	105			变电站、配电所,运行的	
94	Ⓥ		电压表	电路图、接线图、系统图	106	●		接闪杆	接线图、平面图、总平面图、系统图
95	Wh		电度表(瓦时计)		107	⊖		架空线路	总平面图
96	Wh		复费率电度表(示出二费率)		108			电力电缆井/人孔	
97	⊗		信号灯,一般符号,见注5	电路图、接线图、平面图、系统图	109			手孔	
98			音响信号装置,一般符号(电喇叭、电铃、单击电铃、电动汽笛)		110			电缆梯架、托盘和槽盒线路	平面图、总平面图
99			蜂鸣器		111			电缆沟线路	
100	□		发电站,规划的	总平面图	112			中性线	电路图、平面图、系统图
101			发电站,运行的		113			保护线	
102			热电联产发电站,规划的						
103			热电联产发电站,运行的						

续表

序号	常用图形符号 形式1	常用图形符号 形式2	说 明	应用类别	序号	常用图形符号 形式1	常用图形符号 形式2	说 明	应用类别
114			保护线和中性线共用线	电路图、平面图、系统图	127			多个电源插座（符号表示三个插座）	
115			带中性线和保护线的三相线路		128			带保护极的电源插座	
116			向上配线或布线		129			单相二、三极电源插座	
117			向下配线或布线		130			带保护极和单极开关的电源插座	
118			垂直通过配线或布线	平面图	131			带隔离变压器的电源插座（剃须插座）	
119			由下引来配线或布线						
120			由上引来配线或布线		132			开关，一般符号（单联单控开关）	平面图
121			连接盒，接线盒						
122		MS	电动机启动器，一般符号		133			双联单控开关	
123		SDS	星-三角启动器	电路图、接线图、系统图 形式2用于平面图	134			三联单控开关	
124		SAT	带自耦变压器的启动器		135			n联单控开关，n>3	
125		ST	带可控硅整流器的调节-启动器		136			带指示灯的开关（带指示灯的单联单控开关）	
126			电源插座、插孔，一般符号（用于不带保护极的电源插座），见注6	平面图	137			带指示灯双联单控开关	

续表

序号	常用图形符号 形式1	常用图形符号 形式2	说 明	应用类别	序号	常用图形符号 形式1	常用图形符号 形式2	说 明	应用类别
138		⊗	带指示灯的三联单控开关	平面图	149		E	应急疏散指示标志灯	平面图
139		⊗ n	带指示灯的n联单控开关,n>3		150		→	应急疏散指示标志灯（向右）	
140		○ t	单极限时开关		151		←	应急疏散指示标志灯（向左）	
141		○ SL	单极声光控开关		152		⇄	应急疏散指示标志灯（向左、向右）	
142		○	双控单极开关		153		✕	专用电路上的应急照明灯	
143		○	单极拉线开关		154		✕	自带电源的应急照明灯	
144		○	风机盘管三速开关		155		⊢⊣	荧光灯,一般符号(单管荧光灯)	
145		◎	按钮		156		⊢⊣	二管荧光灯	
146		⊗	带指示灯的按钮		157		⊢⊣	三管荧光灯	
147		◎	防止无意操作的按钮（例如借助于打碎玻璃罩进行保护）		158		⊢ n ⊣	多管荧光灯,n>3	
148		⊗	灯,一般符号		159		⊡	单管格栅灯	
					160		⊡	双管格栅灯	

续表

序号	常用图形符号		说明	应用类别	序号	常用图形符号		说明	应用类别
	形式1	形式2				形式1	形式2		
161	三管格栅灯图形		三管格栅灯	平面图	163	聚光灯图形		聚光灯	平面图
162	投光灯图形		投光灯，一般符号		164	风扇图形		风扇；风机	

注：1. 当电气元器件需要说明类型和敷设方式时，宜在符号旁标注下列字母：EX—防爆；EN—密闭；C—暗装。
2. 当电机需要区分不同类型时，符号"★"可采用下列字母表示：G—发电机；GP—永磁发电机；GS—同步发电机；M—电动机；MG—能作为发电机或电动机使用的电机；MS—同步电动机；MGS—同步发电机-电动机等。
3. 符号中加上端子符号（○）表明是一个器件，如果使用了端子代号，则端子符号可以省略。
4. ☐可作为电气箱（柜、屏）的图形符号，当需要区分其类型时，宜在☐内标注下列字母：LB—照明配电箱；ELB—应急照明配电箱；PB—动力配电箱；EPB—应急动力配电箱；WB—电度表箱；SB—信号箱；TB—电源切换箱；CB—控制箱、操作箱。
5. 当信号灯需要指示颜色，宜在符号旁标注下列字母：YE—黄；RD—红；GN—绿；BU—蓝；WH—白。如果需要指示光源种类，宜在符号旁标注下列字母：Na—钠气；Xe—氙；IN—白炽灯；Hg—汞；I—碘；EL—电致发光的；ARC—弧光；IR—红外线的；FL—荧光的；UV—紫外线的；LED—发光二极管。
6. 当电源插座需要区分不同类型时，宜在符号旁标注下列字母：1P—单相；3P—三相；1C—单相暗敷；3C—三相暗敷；1EX—单相防爆；3EX—三相防爆；1EN—单相密闭；3EN—三相密闭。
7. 当灯具需要区分不同类型时，宜在符号旁标注下列字母：ST—备用照明；SA—安全照明；LL—局部照明灯；W—壁灯；C—吸顶灯；R—筒灯；EN—密闭灯；G—圆球灯；EX—防爆灯；E—应急灯；L—花灯；P—吊灯；BM—浴霸。

（3）弱电图样的常用图形符号宜符合下列规定：
1）通信及综合布线系统图样宜采用表1-4的常用图形符号。

通信及综合布线系统图样的常用图形符号　　表1-4

序号	常用图形符号		说明	应用类别	序号	常用图形符号		说明	应用类别
	形式1	形式2				形式1	形式2		
1	MDF		总配线架（柜）	系统图、平面图	5	FD	FD	楼层配线架（柜）（有跳线连接）	系统图
2	ODF		光纤配线架（柜）						
3	IDF		中间配线架（柜）		6	CD		建筑群配线架（柜）	
4	BD	BD	建筑物配线架（柜）（有跳线连接）	系统图	7	BD		建筑物配线架（柜）	平面图、系统图
					8	FD		楼层配线架（柜）	

续表

序号	常用图形符号		说 明	应用类别	序号	常用图形符号		说 明	应用类别
	形式1	形式2				形式1	形式2		
9	HUB		集线器	平面图、系统图	14	TD	TD	数据插座	平面图、系统图
10	SW		交换机		15	TO	TO	信息插座	
11	CP		集合点		16	nTO	nTO	n孔信息插座,n为信息孔数量,例如:TO—单孔信息插座;2TO—二孔信息插座	
12	LIU		光纤连接盘						
13	TP	TP	电话插座		17	MUTO		多用户信息插座	

2) 火灾自动报警系统图样宜采用表1-5的常用图形符号。

火灾自动报警系统图样的常用图形符号   表1-5

序号	常用图形符号		说 明	应用类别	序号	常用图形符号		说 明	应用类别
	形式1	形式2				形式1	形式2		
1	★ 见注1		火灾报警控制器	平面图、系统图	11			红外感光火灾探测器(点型)	平面图、系统图
2	★ 见注2		控制和指示设备		12			紫外感光火灾探测器(点型)	
3			感温火灾探测器(点型)		13			可燃气体探测器(点型)	
4	N		感温火灾探测器(点型、非地址码型)		14			复合式感光感烟火灾探测器(点型)	
5	EX		感温火灾探测器(点型、防爆型)		15			复合式感光感温火灾探测器(点型)	
6			感温火灾探测器(线型)		16			线型差定温火灾探测器	
7			感烟火灾探测器(点型)		17			光束感烟火灾探测器(线型,发射部分)	
8	N		感烟火灾探测器(点型、非地址码型)		18			光束感烟火灾探测器(线型,接受部分)	
9	EX		感烟火灾探测器(点型、防爆型)		19			复合式感温感烟火灾探测器(点型)	
10			感光火灾探测器(点型)		20			光束感烟感温火灾探测器(线型,发射部分)	

续表

序号	常用图形符号 形式1	常用图形符号 形式2	说 明	应用类别	序号	常用图形符号 形式1	常用图形符号 形式2	说 明	应用类别
21			光束感烟感温火灾探测器(线型,接受部分)		30			火灾声光警报器	
22			手动火灾报警按钮		31			火灾应急广播扬声器	
23			消火栓启泵按钮		32			水流指示器(组)	
24			火警电话		33	P		压力开关	
25			火警电话插孔(对讲电话插孔)	平面图、系统图	34	70℃		70℃动作的常开防火阀	平面图、系统图
26			带火警电话插孔的手动报警按钮		35	280℃		280℃动作的常开排烟阀	
27			火警电铃		36	280℃		280℃动作的常闭排烟阀	
28			火灾发声警报器		37			加压送风口	
29			火灾光警报器		38	SE		排烟口	

注：1. 当火灾报警控制器需要区分不同类型时，符号"★"可采用下列字母：C—集中型火灾报警控制器；Z—区域型火灾报警控制器；G—通用火灾报警控制器；S—可燃气体报警控制器。
2. 当控制和指示设备需要区分不同类型时，符号"★"可采用下列字母表示：RS—防火卷帘门控制器；RD—防火门磁释放器；I/O—输入/输出模块；I—输入模块；O—输出模块；P—电源模块；T—电信模块；SI—短路隔离器；M—模块箱；SB—安全栅；D—火灾显示盘；FI—楼层显示盘；CRT—火灾计算机图形显示系统；FPA—火警广播系统；MT—对讲电话主机；BO—总线广播模块；TP—总线电话模块。

3) 有线电视及卫星电视接收系统图样宜采用表1-6的常用图形符号。

有线电视及卫星电视接收系统图样的常用图形符号　　　　表1-6

序号	常用图形符号 形式1	常用图形符号 形式2	说 明	应用类别	序号	常用图形符号 形式1	常用图形符号 形式2	说 明	应用类别
1			天线,一般符号	电路图、接线图、平面图、总平面图、系统图	3			有本地天线引入的前端(符号表示一条馈线支路)	平面图、总平面图
2			带馈线的抛物面天线		4			无本地天线引入的前端(符号表示一条输入和一条输出通路)	

续表

序号	常用图形符号 形式1	常用图形符号 形式2	说 明	应用类别	序号	常用图形符号 形式1	常用图形符号 形式2	说 明	应用类别
5	▷		放大器、中继器一般符号（三角形指向传输方向）	电路图、接线图、平面图、总平面图、系统图	14			分配器，一般符号（表示两路分配器）	
6	▷▷		双向分配放大器		15			分配器，一般符号（表示三路分配器）	
7	◇		均衡器	平面图、总平面图、系统图	16			分配器，一般符号（表示四路分配器）	
8			可变均衡器		17			分支器，一般符号（表示一个信号分支）	电路图、接线图、平面图、系统图
9	A		固定衰减器	电路图、接线图、系统图	18			分支器，一般符号（表示两个信号分支）	
10	A		可变衰减器		19			分支器，一般符号（表示四个信号分支）	
11		DEM	解调器	接线图、系统图 形式2用于平面图	20			混合器，一般符号（表示两路混合器，信息流从左到右）	
12		MO	调制器		21	TV	TV	电视插座	平面图、系统图
13		MOD	调制解调器						

4) 广播系统图样宜采用表1-7的常用图形符号。

广播系统图样的常用图形符号　　　　　　　　　　表1-7

序号	常用图形符号	说明	应用类别	序号	常用图形符号	说明	应用类别
1	○	传声器，一般符号	系统图、平面图	3		嵌入式安装扬声器箱	平面图
2	注1	扬声器，一般符号		4	注1	扬声器箱、音箱、声柱	

续表

序号	常用图形符号	说明	应用类别	序号	常用图形符号	说明	应用类别
5		号筒式扬声器	系统图、平面图	7	▷ 注2	放大器,一般符号	接线图、平面图、总平面图、系统图
6		调谐器、无线电接收机	接线图、平面图、总平面图、系统图	8	M	传声器插座	平面图、总平面图、系统图

注:1. 当扬声器箱、音箱、声柱需要区分不同的安装形式时,宜在符号旁标注下列字母:C—吸顶式安装;R—嵌入式安装;W—壁挂式安装。
2. 当放大器需要区分不同类型时,宜在符号旁标注下列字母:A—扩大机;PRA—前置放大器;AP—功率放大器。

5) 安全技术防范系统图样宜采用表1-8的常用图形符号。

安全技术防范系统图样的常用图形符号　　　　　表1-8

序号	常用图形符号		说明	应用类别	序号	常用图形符号		说明	应用类别
	形式1	形式2				形式1	形式2		
1			摄像机	平面图、系统图	12			彩色监视器	平面图、系统图
2			彩色摄像机		13			读卡器	
3			彩色转黑白摄像机		14	KP		键盘读卡器	
4			带云台的摄像机		15			保安巡逻打卡器	
5	OH		有室外防护罩的摄像机		16			紧急脚挑开关	
6	IP		网络(数字)摄像机		17			紧急按钮开关	
7	IR		红外摄像机		18			门磁开关	
8	IR⊗		红外带照明灯摄像机		19	B		玻璃破碎探测器	
9	H		半球形摄像机		20	A		振动探测器	
10	R		全球形摄像机		21	IR		被动红外入侵探测器	
11			监视器		22	M		微波入侵探测器	
					23	IR/M		被动红外/微波双技术探测器	

续表

序号	常用图形符号 形式1	形式2	说明	应用类别	序号	常用图形符号 形式1	形式2	说明	应用类别
24	Tx—IR—Rx		主动红外探测器(发射、接收分别为Tx、Rx)	平面图、系统图	31			可视对讲机	平面图、系统图
25	Tx—M—Rx		遮挡式微波探测器		32			可视对讲户外机	
26	—L—		埋入线电场扰动探测器		33			指纹识别器	
27	—C—		弯曲或振动电缆探测器		34	M		磁力锁	
28	—LD—		激光探测器		35	E		电锁按键	
29			对讲系统主机		36	EL		电控锁	
30			对讲电话分机		37			投影机	

6) 建筑设备监控系统图样宜采用表1-9的常用图形符号。

建筑设备监控系统图样的常用图形符号 表1-9

序号	常用图形符号 形式1	形式2	说明	应用类别	序号	常用图形符号 形式1	形式2	说明	应用类别
1	T		温度传感器	电路图、平面图、系统图	6	GT*		流量变送器(*为位号)	电路图、平面图、系统图
2	P		压力传感器		7	LT*		液位变送器(*为位号)	
3	M	H	湿度传感器		8	PT*		压力变送器(*为位号)	
4	PD	ΔP	压差传感器						
5	GE*		流量测量元件(*为位号)		9	TT*		温度变送器(*为位号)	

续表

序号	常用图形符号 形式1	常用图形符号 形式2	说明	应用类别	序号	常用图形符号 形式1	常用图形符号 形式2	说明	应用类别
10	(MT*)	(HT*)	湿度变送器（*为位号）	电路图、平面图、系统图	17	A/D		模拟/数字变换器	电路图、平面图、系统图
11	(GT*)		位置变送器（*为位号）		18	D/A		数字/模拟变换器	
12	(ST*)		速率变送器（*为位号）		19	HM		热能表	
13	(PDT*)	(ΔPT*)	压差变送器（*为位号）		20	GM		燃气表	
14	(IT*)		电流变送器（*为位号）		21	WM		水表	
15	(UT*)		电压变送器（*为位号）		22	M⋈		电动阀	
16	(ET*)		电能变送器（*为位号）		23	M⋈		电磁阀	

（4）图样中的电气线路可采用表1-10的线型符号绘制。

图样中的电气线路线型符号　　　表1-10

序号	线型符号 形式1	线型符号 形式2	说　明	序号	线型符号 形式1	线型符号 形式2	说　明
1	——S——	——S——	信号线路	5	——E——	——E——	接地线
2	——C——	——C——	控制线路	6	——LP——	——LP——	接闪线、接闪带、接闪网
3	——EL——	——EL——	应急照明线路	7	——TP——	——TP——	电话线路
4	——PE——	——PE——	保护接地线	8	——TD——	——TD——	数据线路

续表

序号	线型符号 形式1	线型符号 形式2	说 明	序号	线型符号 形式1	线型符号 形式2	说 明
9	——TV——	——TV——	有线电视线路	13	——F——	——F——	消防电话线路
10	——BC——	——BC——	广播线路	14	——D——	——D——	50V以下的电源线路
11	——V——	——V——	视频线路	15	——DC——	——DC——	直流电源线路
12	——GCS——	——GCS——	综合布线系统线路	16	——⚡——		光缆,一般符号

(5) 绘制图样时,宜采用表1-11的电气设备标注方式表示。

电气设备的标注方式　　表 1-11

序号	标注方式	说　明	序号	标注方式	说　明
1	$\dfrac{a}{b}$	用电设备标注 a——参照代号 b——额定容量(kW 或 kVA)	5	$a-b\dfrac{c\times d\times L}{e}f$ 注2	灯具标注 a——数量 b——型号 c——每盏灯具的光源数量 d——光源安装容量 e——安装高度(m) "—"表示吸顶安装 L——光源种类,参见表1-3注5 f——安装方式,见表1-14
2	-a+b/c 注1	系统图电气箱(柜、屏)标注 a——参照代号 b——位置信息 c——型号			
3	-a 注1	平面图电气箱(柜、屏)标注 a——参照代号			
4	a　b/c　d	照明、安全、控制变压器标注 a——参照代号 b/c——一次电压/二次电压 d——额定容量	6	$\dfrac{a\times b}{c}$	电缆梯架、托盘和槽盒标注 a——宽度(mm) b——高度(mm) c——安装高度(m)

续表

序号	标注方式	说 明	序号	标注方式	说 明
7	a/b/c	光缆标注 a——型号 b——光纤芯数 c——长度			
8	ab－c(d×e+f×g)i－jh 注3	线缆标注 a——参照代号 b——型号 c——电缆根数 d——相导体根数 e——根导体截面(mm^2) f——N、PE 导体根数 g——N、PE 导体截面(mm^2) i——敷设方式和管径,见表 1-12 j——敷设部位,见表 1-13 h——安装高度(m)	9	a－b(c×2×d)e－f	电话线缆标注 a——参照代号 b——型号 c——导体对数 d——导体直径(mm) e——敷设方式和管径(mm),见表 1-12 f——敷设部位,见表 1-13

注：1. 前缀"—"在不会引起混淆时可省略。
2. 对于照明灯具，宜在其图形符号附近标注灯具的数量、光源数量、光源安装容量、安装高度、安装方式。
3. 当电源线缆 N 和 PE 分开标注时，应先标注 N 后标注 PE（线缆规格中的电压值在不会引起混淆时可省略）。

1.2.2 文字符号

（1）图样中线缆敷设方式、敷设部位和灯具安装方式的标注宜采用表 1-12～表 1-14 的文字符号。

线缆敷设方式标注的文字符号　　　　　　表 1-12

名　　称	文字符号	名　　称	文字符号
穿低压流体输送用焊接钢管（钢导管）敷设	SC	穿硬塑料导管敷设	PC
穿普通碳素钢电线套管敷设	MT	穿阻燃半硬塑料导管敷设	FPC
穿可挠金属电线保护套管敷设	CP	穿塑料波纹电线管敷设	KPC

续表

名　称	文字符号	名　称	文字符号
电缆托盘敷设	CT	钢索敷设	M
电缆梯架敷设	CL	直埋敷设	DB
金属槽盒敷设	MR	电缆沟敷设	TC
塑料槽盒敷设	PR	电缆排管敷设	CE

线缆敷设部位标注的文字符号　　　　表 1-13

名称	文字符号	名称	文字符号	名称	文字符号	名称	文字符号
沿或跨梁(屋架)敷设	AB	吊顶内敷设	SCE	暗敷设在顶板内	CC	暗敷设在墙内	WC
沿或跨柱敷设	AC	沿墙面敷设	WS	暗敷设在梁内	BC	暗敷设在地板或地面下	FC
沿吊顶或顶板面敷设	CE	沿屋面敷设	RS	暗敷设在柱内	CLC		

灯具安装方式标注的文字符号　　　　表 1-14

名称	文字符号	名称	文字符号	名称	文字符号	名称	文字符号
线吊式	SW	壁装式	W	吊顶内安装	CR	柱上安装	CL
链吊式	CS	吸顶式	C	墙壁内安装	WR	座装	HM
管吊式	DS	嵌入式	R	支架上安装	S		

(2) 供配电系统设计文件的标注宜采用表 1-15 的文字符号。

供配电系统设计文件标注的文字符号　　　　表 1-15

序号	文字符号	名称	单位	序号	文字符号	名称	单位
1	U_n	系统标称电压,线电压(有效值)	V	5	P_r	额定功率	kW
2	U_r	设备的额定电压,线电压(有效值)	V	6	P_n	设备安装功率	kW
3	I_r	额定电流	A	7	P_c	计算有功功率	kW
4	f	频率	Hz	8	Q_c	计算无功功率	kvar

续表

序号	文字符号	名称	单位	序号	文字符号	名称	单位
9	S_c	计算视在功率	kVA	15	I_k	稳态短路电流	kA
10	S_r	额定视在功率	kVA	16	$\cos\varphi$	功率因数	—
11	I_c	计算电流	A	17	u_{kr}	阻抗电压	%
12	I_{st}	启动电流	A	18	i_p	短路电流峰值	kA
13	I_p	尖峰电流	A	19	S''_{KQ}	短路容量	MVA
14	I_s	整定电流	A	20	K_d	需要系数	—

(3) 设备端子和导体宜采用表 1-16 的标志和标识。

设备端子和导体的标志和标识　　　　　　　　　　表 1-16

序号	导体		文字符号	
			设备端子标志	导体和导体终端标识
1	交流导体	第 1 线	U	L1
		第 2 线	V	L2
		第 3 线	W	L3
		中性导体	N	N
2	直流导体	正极	+或 C	L+
		负极	—或 D	L—
		中间点导体	M	M
3	保护导体		PE	PE
4	PEN 导体		PEN	PEN

(4) 电气设备常用参照代号宜采用表 1-17 的字母代码。

1 电气工程制图基础

电气设备常用参照代号的字母代码

表 1-17

项目	设备、装置和元件名称	参照代号的字母代码 主类代码	参照代号的字母代码 含子类代码	项目	设备、装置和元件名称	参照代号的字母代码 主类代码	参照代号的字母代码 含子类代码
两种或两种以上的用途或任务	35kV 开关柜	A	AH	把某一输入变量(物理性质、条件或事件)转换为供进一步处理的信号	测量变送器	B	BE
	20kV 开关柜		AJ		气表、水表		BF
	10kV 开关柜		AK		差压传感器		BF
	6kV 开关柜		—		流量传感器		BF
	低压配电柜		AN		接近开关、位置开关		BG
	并联电容器箱(柜、屏)		ACC		接近传感器		BG
	直流配电箱(柜、屏)		AD		时针、计时器		BK
	保护箱(柜、屏)		AR		湿度计、湿度测量传感器		BM
	电能计量箱(柜、屏)		AM		压力传感器		BP
	信号箱(柜、屏)		AS		烟雾(感烟)探测器		BR
	电源自动切换箱(柜、屏)		AT		感光(火焰)探测器		BR
	动力配电箱(柜、屏)		AP		光电池		BR
	应急动力配电箱(柜、屏)		APE		速度计、转速计		BS
	控制、操作箱(柜、屏)		AC		速度变换器		BS
	励磁箱(柜、屏)		AE		温度传感器、温度计		BT
	照明配电箱(柜、屏)		AL		麦克风		BX
	应急照明配电箱(柜、屏)		ALE		视频摄像机		BX
	电度表箱(柜、屏)		AW		火灾探测器		
	弱电系统设备(柜、屏)		—		气体探测器		—
把某一输入变量(物理性质、条件或事件)转换为供进一步处理的信号	热过载继电器	B	BB		测量变换器		
	保护继电器		BB		位置测量传感器		BG
	电流互感器		BE		液位测量传感器		BL
	电压互感器		BE	材料、能量或信号的存储	电容器	C	CA
	测量继电器		BE		线圈		CB
	测量电阻(分流)		BE		硬盘		CF

续表

项目	设备、装置和元件名称	参照代号的字母代码 主类代码	含子类代码	项目	设备、装置和元件名称	参照代号的字母代码 主类代码	含子类代码
材料、能量或信号的存储	存储器	C	CF	处理(接收、加工和提供)信号或信息(用于防护的物体除外,见F类)	不间断电源	G	GU
	磁带记录仪、磁带机		CF		继电器	K	KF
	录像机		CF		时间继电器		KF
提供辐射能或热能	白炽灯、荧光灯	E	EA		控制器(电、电子)		KF
	紫外灯		EA		输入、输出模块		KF
	电炉、电暖炉		EB		接收机		KF
	电热、电热丝		EB		发射机		KF
	灯、灯泡		—		光耦器		KF
	激光器		—		控制器(光、声学)		KG
	发光设备		—		阀门控制器		KH
	辐射器		—		瞬时接触继电器		KA
直接防止(自动)能量流、信息流、人身或设备发生危险的或意外的情况,包括用于防护的系统和设备	热过载释放器	F	FD		电流继电器		KC
	熔断器		FA		电压继电器		KV
	安全栅		FC		信号继电器		KS
	电涌保护器		FC		瓦斯保护继电器		KB
	接闪器		FE		压力继电器		KPR
	接闪杆		FE	提供驱动用机械能(旋转或线性机械运动)	电动机	M	MA
	保护阳极(阴极)		FR		直线电动机		MA
启动能量流或材料流,产生用作信息载体或参考源的信号。生产一种新能量、材料或产品	发电机	G	GA		电磁驱动		MB
	直流发电机		GA		励磁线圈		MB
	电动发电机组		GA		执行器		ML
	柴油发电机组		GA		弹簧储能装置		ML
	蓄电池、干电池		GB	提供信息	打印机	P	PF
	燃料电池		GB		录音机		PF
	太阳能电池		GC		电压表		PV
	信号发生器		GF		告警灯、信号灯		PG

续表

项目	设备、装置和元件名称	参照代号的字母代码 主类代码	含子类代码	项目	设备、装置和元件名称	参照代号的字母代码 主类代码	含子类代码
提供信息	监视器、显示器	P	PG	受控切换或改变能量流、信号流或材料流(对于控制电路中的信号,见 K 类和 S 类)	断路器	Q	QA
	LED(发光二极管)		PG		接触器		QAC
	铃、钟		PB		晶闸管、电动机启动器		QA
	计量表		PG		隔离器、隔离开关		QB
	电流表		PA		熔断器式隔离器		QB
	电度表		PJ		熔断器式隔离开关		QB
	时钟、操作时间表		PT		接地开关		QC
	无功电度表		PJR		旁路断路器		QD
	最大需用量表		PM		电源转换开关		QCS
	有功功率表		PW		剩余电流保护断路器		QR
	功率因数表		PPF		软启动器		QAS
	无功电流表		PAR		综合启动器		QCS
	(脉冲)计数器		PC		星-三角启动器		QSD
	记录仪器		PS		自耦降压启动器		QTS
	频率表		PF		转子变阻式启动器		QRS
	相位表		PPA	限制或稳定能量、信息或材料的运动或流动	电阻器、二极管	R	RA
	转速表		PT		电抗线圈		RA
	同位指示器		PS		滤波器、均衡器		RF
	无色信号灯		PG		电磁锁		RL
	白色信号灯		PGW		限流器		RN
	红色信号灯		PGR		电感器		—
	绿色信号灯		PGG	把手动操作转变为进一步处理的特定信号	控制开关	S	SF
	黄色信号灯		PGY		按钮开关		SF
	显示器		PC		多位开关(选择开关)		SAC
	温度计、液位计		PG		启动按钮		SF

续表

项目	设备、装置和元件名称	参照代号的字母代码 主类代码	参照代号的字母代码 含子类代码	项目	设备、装置和元件名称	参照代号的字母代码 主类代码	参照代号的字母代码 含子类代码
把手动操作转变为进一步处理的特定信号	停止按钮	S	SS	从一地到另一地导引或输送能量、信号、材料或产品	低压母线、母线槽	W	WC
	复位按钮		SR		低压配电线缆		WD
	试验按钮		ST		数据总线		WF
	电压表切换开关		SV		控制电缆、测量电缆		WG
	电流表切换开关		SA		光缆、光纤		WH
保持能量性质不变的能量变换,已建立的信号保持信息内容不变的变换,材料形态或形状的变换	变频器、频率转换器	T	TA		信号线路		WS
	电力变压器		TA		电力(动力)线路		WP
	DC/DC 转换器		TA		照明线路		WL
	整流器、AC/DC 变换器		TB		应急电力(动力)线路		WPE
	天线、放大器		TF		应急照明线路		WLE
	调制器、解调器		TF		滑触线		WT
	隔离变压器		TF	连接物	高压端子、接线盒	X	XB
	控制变压器		TC		高压电缆头		XB
	整流变压器		TR		低压端子、端子板		XD
	照明变压器		TL		过路接线盒、接线端子箱		XD
	有载调压变压器		TLC		低压电缆头		XD
	自耦变压器		TT		插座、插座箱		XD
保护物体在一定的位置	支柱绝缘子	U	UB		接地端子、屏蔽接地端子		XE
	强电梯架、托盘和槽盒		UB		信号分配器		XG
	瓷瓶		UB		信号插头连接器		XG
	弱电梯架、托盘和槽盒		UG		(光学)信号连接		XH
	绝缘子		—		连接器		
从一地到另一地导引或输送能量、信号、材料或产品	高压母线、母线槽	W	WA		插头		
	高压配电线缆		WB				

(5) 常用辅助文字符号宜按表 1-18 执行。

常用辅助文字符号 表 1-18

序号	文字符号	中文名称	序号	文字符号	中文名称	序号	文字符号	中文名称
1	A	电流	27	DP	调度	53	LL	最低(较低)
2	A	模拟	28	DR	方向	54	LA	闭锁
3	AC	交流	29	DS	失步	55	M	主
4	A、AUT	自动	30	E	接地	56	M	中
5	ACC	加速	31	EC	编码	57	M、MAN	手动
6	ADD	附加	32	EM	紧急	58	MAX	最大
7	ADJ	可调	33	EMS	发射	59	MIN	最小
8	AUX	辅助	34	EX	防爆	60	MC	微波
9	ASY	异步	35	F	快速	61	MD	调制
10	B、BRK	制动	36	FA	事故	62	MH	人孔(人井)
11	BC	广播	37	FB	反馈	63	MN	监听
12	BK	黑	38	FM	调频	64	MO	瞬间(时)
13	BU	蓝	39	FW	正、向前	65	MUX	多路复用的限定符号
14	BW	向后	40	FX	固定	66	NR	正常
15	C	控制	41	G	气体	67	OFF	断开
16	CCW	逆时针	42	GN	绿	68	ON	闭合
17	CD	操作台(独立)	43	H	高	69	OUT	输出
18	CO	切换	44	HH	最高(较高)	70	O/E	光电转换器
19	CW	顺时针	45	HH	手孔	71	P	压力
20	D	延时、延迟	46	HV	高压	72	P	保护
21	D	差动	47	IN	输入	73	PL	脉冲
22	D	数字	48	INC	增	74	PM	调相
23	D	降	49	IND	感应	75	PO	并机
24	DC	直流	50	L	左	76	PR	参量
25	DCD	解调	51	L	限制	77	R	记录
26	DEC	减	52	L	低	78	R	右

续表

序号	文字符号	中文名称	序号	文字符号	中文名称	序号	文字符号	中文名称
79	R	反	88	SAT	饱和	97	TM	发送
80	RD	红	89	STE	步进	98	U	升
81	RES	备用	90	STP	停止	99	UPS	不间断电源
82	R、RST	复位	91	SYN	同步	100	V	真空
83	RTD	热电阻	92	SY	整步	101	V	速度
84	RUN	运转	93	SP	设定点	102	V	电压
85	S	信号	94	T	温度	103	VR	可变
86	ST	启动	95	T	时间	104	WH	白
87	S、SET	置位、定位	96	T	力矩	105	YE	黄

（6）电气设备辅助文字符号宜按表1-19和表1-20执行。

强电设备辅助文字符号　　　　　　　　　　　　　　　　　　　表1-19

序号	文字符号	中文名称	序号	文字符号	中文名称	序号	文字符号	中文名称
1	DB	配电屏（箱）	8	PB	动力配电箱	15	MS	电动机启动器
2	UPS	不间断电源装置（箱）	9	EPB	应急动力配电箱	16	SDS	星-三角启动器
3	EPS	应急电源装置（箱）	10	CB	控制箱、操作箱	17	SAT	自耦降压启动器
4	MEB	总等电位端子箱	11	LB	照明配电箱	18	ST	软启动器
5	LEB	局部等电位端子箱	12	ELB	应急照明配电箱	19	HDR	烘手器
6	SB	信号箱	13	WB	电度表箱			
7	TB	电源切换箱	14	IB	仪表箱			

弱电设备辅助文字符号　　　　　　　　　　　　　　　　　　　表1-20

序号	文字符号	中文名称	序号	文字符号	中文名称	序号	文字符号	中文名称
1	DDC	直接数字控制器	4	CF	会议系统设备箱	7	TP	电话系统设备箱
2	BAS	建筑设备监控系统设备箱	5	SC	安防系统设备箱	8	TV	电视系统设备箱
3	BC	广播系统设备箱	6	NT	网络系统设备箱	9	HD	家居配线箱

续表

序号	文字符号	中文名称	序号	文字符号	中文名称	序号	文字符号	中文名称
10	HC	家居控制器	16	VAD	音量调节器	22	CPU	计算机
11	HE	家居配电箱	17	DC	门禁控制器	23	DVR	数字硬盘录像机
12	DEC	解码器	18	VD	视频分配器	24	DEM	解调器
13	VS	视频服务器	19	VS	视频顺序切换器	25	MO	调制器
14	KY	操作键盘	20	VA	视频补偿器	26	MOD	调制解调器
15	STB	机顶盒	21	TG	时间信号发生器			

（7）信号灯和按钮的颜色标识宜分别按表 1-21 和表 1-22 执行。

信号灯的颜色标识　　　　　　　　　　　　　　　　　　　表 1-21

名称/状态	颜色标识	说　明
危险指示	红色(RD)	
事故跳闸		
重要的服务系统停机		
起重机停止位置超行程		
辅助系统的压力/温度超出安全极限		
警告指示	黄色(YE)	
高温报警		
过负荷		
异常指示		
安全指示	绿色(GN)	
正常指示		核准继续运行
正常分闸(停机)指示		
弹簧储能完毕指示		设备在安全状态
电动机降压启动过程指示	蓝色(BU)	
开关的合(分)或运行指示	白色(WH)	单灯指示开关运行状态；双灯指示开关合时运行状态

按钮的颜色标识 表 1-22

名称	颜色标识	名称	颜色标识
紧停按钮	红色(RD)	电动机降压启动结束按钮	白色(WH)
正常停和紧停合用按钮		复位按钮	
危险状态或紧急指令		弹簧储能按钮	蓝色(BU)
合闸(开机)(启动)按钮	绿色(GN)、白色(WH)	异常、故障状态	黄色(YE)
分闸(停机)按钮	红色(RD)、黑色(BK)	安全状态	绿色(GN)

（8）导体的颜色标识宜按表 1-23 执行。

导体的颜色标识 表 1-23

导体名称	颜色标识
交流导体的第 1 线	黄色(YE)
交流导体的第 2 线	绿色(GN)
交流导体的第 3 线	红色(RD)
中性导体 N	淡蓝色(BU)
保护导体 PE	绿/黄双色(GNYE)
PEN 导体	全长绿/双黄色(GNYE),终端另用淡蓝色(BU)标志或全长淡蓝色(BU),终端另用绿/黄双色(GNYE)标志
直流导体的正极	棕色(BN)
直流导体的负极	蓝色(BU)
直流导体的中间点导体	淡蓝色(BU)

2 识读变配电工程图

2.1 识读变配电系统主接线图

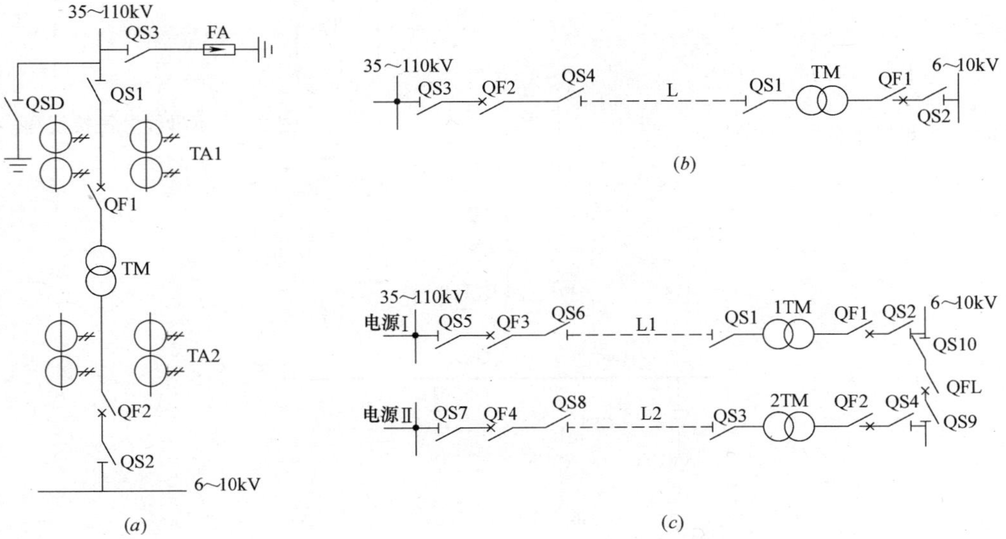

图 2-1 线路-变压器组接线图
(a) 一次侧采用断路器和隔离开关；(b) 一次侧采用隔离开关；(c) 双电源双变压器

1. 高压供电系统主接线

变电所的主接线（又称一次接线或一次线路）是指由各种开关电器、电力变压器、断路器、避雷器、互感器、隔离开关、电力电缆、母线、移相电容器等电气设备按一定的次序相连接的具有接收与分配电能的电路。主接线的确定与变电所电气设备的选择、变配电装置的合理布置、可靠运行、控制方式及经济性能等都有着密切的关系，是供配电设计的重要环节。

（1）线路-变压器组接线：线路-变压器组接线如图 2-1 所示。其优点是接线简单，所用电气设备少，投资少，配电装置简单。缺点是该单元中任一设备发生故障或检修时，变电所全部停电，可靠度不高。线路-变压器组接线适用于小容量三级负荷、小型企业或非生产用户。

(2) 单母线接线：在变配电系统图中，母线是电路中的一个节点，在实际的电气系统中母线是一组庞大的汇流排，它是电能汇集与分散的场所。单母线制可分为单母线不分段接线、单母线分段接线、单母线带旁路母线接线及其他单母线派生的接线等形式。

1) 单母线不分段接线。单母线不分段接线如图 2-2 所示，每条引入线、引出线的电路中都装有断路器与隔离开关，电源的引入、引出都是通过一根母线连接的。此接线电路简单清晰，使用设备少，经济性好，但其缺点是可靠性、灵活性差，当电源线路、母线或母线隔离开关发生故障或检修时，全部用户供电中断。因此它只适用于对供电要求不高的三级负荷用户，或有备用电源的二级负荷用户。

2) 单母线分段接线。单母线分段接线如图 2-3 所示。它可采用隔离开关或断路器分段，隔离开关分断操作不方便，目前已不采用。单母线分段接线可分段单独运行，或并列同时运行。将母线分段后，其可靠性也有很大的改善，当母线发生故障或线路检修时，可保证系统具有 50% 的供电能力。

3) 单母线带旁路母线接线。单母线带旁路接线如图 2-4 所示。当引出线断路器检修时，它可用旁路母线断路器（QFL）代替引出线断路器，给用户继续供电。这种接线造价较高，只用在引出线数量很多的变电所中。

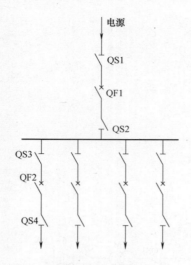

图 2-2 单母线不分段接线图

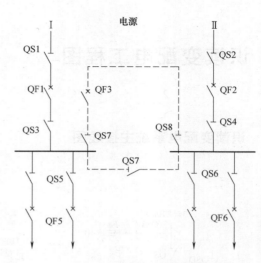

图 2-3 单母线分段接线图

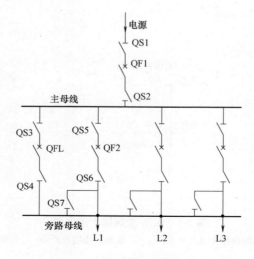

图 2-4 单母线带旁路母线接线图

(3) 双母线接线：双母线接线如图 2-5 所示。DMⅠ是工作母线，DMⅡ是备用母线，任一电源进线回路或负荷引出线都经一个断路器和两个母线隔离开关接于双母线上，两个母线通过母线断路器 QFL 及其隔离开关相连接。其工作方式有两组母线分列运行和两组母线并列运行两种。因双母线两组互为备用，大大提高了供电的可靠性与灵活性。

(4) 桥式接线：桥式接线是指在两路电源进线间跨接一个"桥式"断路器。桥式接线比分段单母线结构简单，它减少了断路器的数量，四回电路只采用三台断路器。按照跨接桥位置的不同，可分为内桥式接线与外桥式接线。

1) 内桥式接线。内桥式接线如图 2-6 (a) 所示。跨接桥靠近变压器侧，桥开关（QF3）装于线路开关（QF1、QF2）内，变压器回路只装隔离开关，不装断路器。内桥式接线的优点是对电源进线回路操作方便，灵活供电可靠性高，它一般用于因电源线路较长而发生故障和停电检修的机会较多，且变电所的变压器不需要经常切换的总降压变电所。

2) 外桥式接线。外桥式接线如图 2-6 (b) 所示。跨接桥靠近线路侧，桥开关（QF3）装在变压器开关（QF1、QF2）外，进线回路只装隔离开关，不装断路器。外桥式接线的优点是对变压器回路操作非常方便，灵活，供电可靠性高，它适于电源线路较短，而变电所负荷变动较大、根据经济运行要求需要经常投切变压器的总降压变电所。

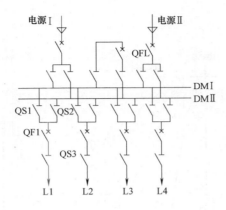

图 2-5 双母线接线图

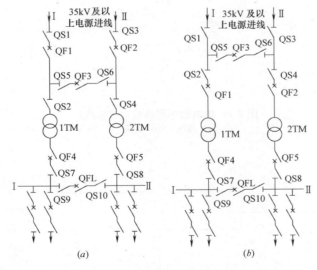

图 2-6 桥式接线图
(a) 内桥式接线；(b) 外桥式接线

2. 变配电系统接线

（1）放射式接线：从电源点用专用开关及专用线路直接送到用户或设备的受电端，沿线没有其他负荷分支的接线即为放射式接线，又叫专用线供电。当配电系统采用放射式接线时，引出线发生故障时互相不影响，供电可靠性比较高，切换操作方便，保护简单。但因为其缺点是有色金属消耗量比较多，采用的开关设备比较多，投资大。所以这种接线一般为用电设备容量大、负荷性质重要、潮湿及腐蚀性环境的场所供电。放射式接线主要有单电源单回路放射式及双回路放射式接线。

1）单电源单回路放射式接线如图 2-7 所示，这种接线的电源由总降压变电所的 6～10kV 母线上引出一回线路直接向负荷点（或用电设备）供电，沿线没有其他负荷，受电端间无电的联系。适用于可靠性要求不高的二级、三级负荷。

2）单电源双回路放射式接线如图 2-8 所示，这种接线采用了对一个负荷点或用电设备使用两条专用线路供电的方式，也就是线路备用方式。适用于二级、三级负荷。

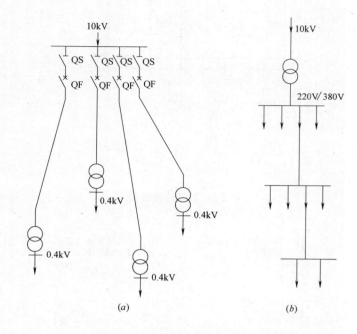

图 2-7 单电源单回路放射式接线
(a) 高压；(b) 低压

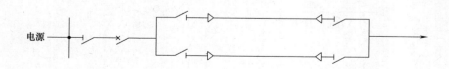

图 2-8 单电源双回路放射式接线

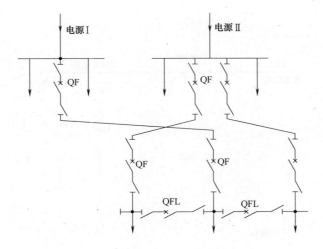

图 2-9 双电源双回路的放射式接线

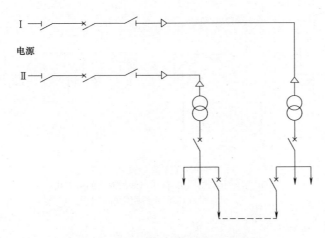

图 2-10 具有低压联络线的放射式接线

3) 双电源双回路放射式接线（双电源双回路交叉放射式接线）如图 2-9 所示，两条放射式线路连接于不同电源的母线上，其实质就是两个单电源单回路放射的交叉组合。这种接线方式适用于可靠性要求较高的一级负荷。

4) 具有低压联络线的放射式接线如图 2-10 所示，这种接线主要是为了提高单回路放射式接线的供电可靠性，从邻近的负荷点（或用电设备）取得另一路电源，用低压联络线引入。

互为备用单电源单回路加低压联络线放射式适用于用户用电总容量小，负荷相对分散，各负荷中心附近设小型变电所（站），便于引电源。与单电源单回路放射式不同点是：高压线路可以延长，低压线路比较短，负荷端受电压波动影响比前者要小。

这种接线方式适用于可靠性要求不高的二级、三级负荷。如低压联络线的电源取自另一路电源，则可供小容量的一级负荷。

(2) 树干式接线：树干式接线指由高压电源母线上引出的每路出线，沿线要分别连接到若干个负荷点（或用电设备）的接线方式。树干式接线所具有的特点是：其有色金属消耗量比较少，采用的开关设备比较少。当其干线发生故障时，影响范围较大，供电可靠性较差；这种接线一般用于用电设备容量小且分布较均匀的用电设备。

1）直接树干式接线如图 2-11 所示，在由变电所引出的配电干线上直接接出分支线供电。这种接线通常适用于三级负荷。

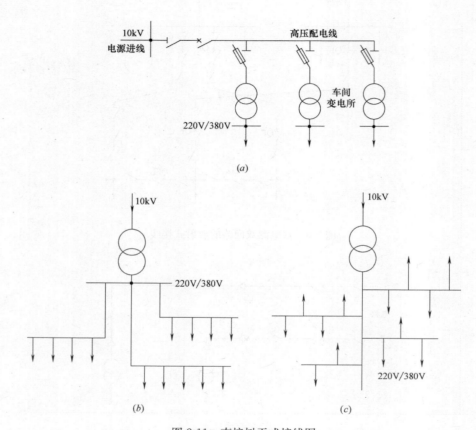

图 2-11　直接树干式接线图
(a) 高压树干式；(b) 低压母线放射式的树干式；
(c) 低压"变压器-干线组"的树干式

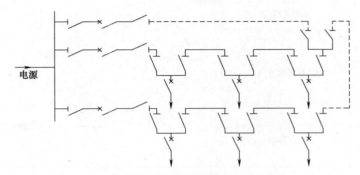

图 2-12 单电源链串树干式接线

2) 单电源链串树干式接线如图 2-12 所示，在由变电所引出的配电干线分别引入每个负荷点，再引出走向另一个负荷点，干线的进出线两侧都装有开关。该接线通常适用于二级、三级负荷。

3) 双电源链串树干式接线如图 2-13 所示，在单电源链串树干式的基础上增加了一路电源。这种接线适用于二级、三级负荷。

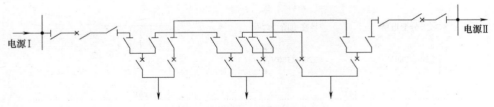

图 2-13 双电源链串树干式接线

（3）环网式接线：如图2-14所示为环网式线路。环网式接线的可靠性比较高，接入环网的电源可以是一个、两个甚至是多个；为加强环网结构，也就是保证某一条线路故障时各用户仍有较好的电压水平，或保证在更严重的故障（某两条或多条线路停运）时的供电可靠性，通常可采用双线环式结构；双电源环形线路在运行时，常常是开环运行的，也就是在环网的某一点将开关断开。这时环网演变为双电源供电的树干式线路。开环运行的目的是考虑继电保护装置动作的选择性，缩小电网故障时的停电范围。开环点的选择原则为：开环点两侧的电压差最小，通常使两路干线负荷容量尽量接近。

环网内线路的导线通过的负荷电流要考虑在故障情况下环内通过的负荷电流，导线截面要求应相同，所以，环网式线路的缺点是有色金属消耗量大；当线路的任一线段发生故障时，切断（拉开）故障线段两侧的隔离开关，将故障线段切除后，可恢复供电；开环点断路器可使用自动（或手动）投入。双电源环网式供电，适用于一级、二级负荷供电；单电源环网式适用于允许停电半小时内的二级负荷。

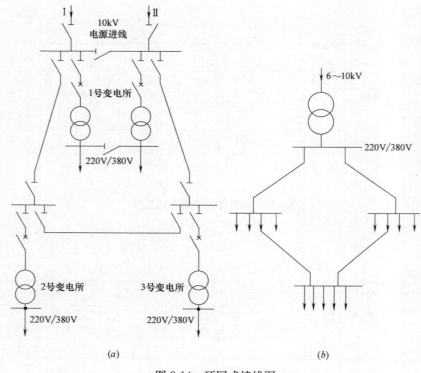

图 2-14　环网式接线图
(a) 高压；(b) 低压

2 识读变配电工程图

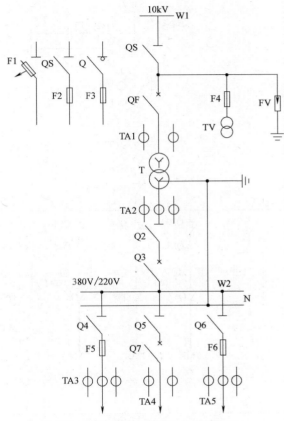

图 2-15 10kV/0.4kV 电气系统图

【例 2-1】 识读 10kV/0.4kV 变配电电气系统图。

图 2-15 为 10kV/0.4kV 电气系统图,从图中可以看出:

(1) 电源从 W1 引入,高压配电装置为两面高压柜,其中,一面柜中装有隔离开关 QS、断路器 QF,另一面柜中装有一台电压互感器 TV 和两台电流互感器 TA1,柜中还有熔断器 F4 与避雷器 FV。变压器 T 低压侧中性点接地,并引出中线 N 接入低压开关柜。在低压配电装置中包括一面主柜,柜中装有三台电流互感器 TA2、总隔离开关 Q2 和总断路器 Q3。断路器 Q3 总后连接柜上的母线 W2。低压配电装置中有三条配电回路:左边第一回路上装有熔断器 F5、隔离开关 Q4 和三只电流互感器 TA3;中间第二回路上装有隔离开关 Q5、断路器 Q7,该回路上只安装两只电流互感器 TA4,分别监测两根导线中的电流;右边第三回路上的设备与左边第一回路的设备相同。

(2) 若变压器容量小于 315kV·A,高压设备可简化,图中左上角所示为三种简化的高压设备配置方法:一是为使用室外跌落式熔断器 F1;二是为使用隔离开关与熔断器组合;三是为使用负荷开关和熔断器组合。后两种配置方法可将高压电器安装于变压器室的墙壁上,而不使用高压开关柜。

【例 2-2】 识读 35kV/10kV 变配电电气系统图。

图 2-16 为 35kV 总降站电气系统图，从图中可以看出：

(1) 采用一路进线电源，一台主变压器 TM1，型号为 SJ-5000-35/10；三相油浸式自冷变压器，容量 5000 kV·A；高压侧电压 35kV，低压侧电压 10kV，Y/△联结。

(2) TM1 的高压侧经断路器 QF1 和隔离开关 QS1 接至 35kV 进线电源。QS1 和 QF1 间有两相两组电流互感器 TA1，用于高压计量与继电保护。进线电源经隔离开关 QS2 接有避雷器 F1，主要用于防雷保护。QS3 为接地闸刀，它可在变压器检修时或 35kV 线路检修时用于防止误送电。

(3) TM1 的低压侧接有两相两组电流互感器 TA2，主要用于 10kV 的计量和继电保护。断路器 QF2 可带负荷接通或切开断电路，可以在 10kV 线路发生故障或过载时作为过电流保护开关。QS4 主要用于检修时隔离高压。

(4) 10kV 母线接有 5 台高压开关柜，其中一台高压柜装有电压互感器 TV 和避雷器 F2。电压互感器 TV 用于测量及绝缘监视，避雷器 F2 主要用于 10kV 侧的防雷保护，其余四台开关柜向四台变压器（TM2、TM3、TM4、TM5）供电。TM5 变压器型号为 SC-50/10/0.4，三相干式变压器，高压侧 10kV，低压侧 400V，供给总降站内动力、照明用电。

(5) 单台变压器的供电系统，设备少，操作简便。当变压器发生故障时，造成整个系统停电，供电可靠性差。一般都采用两路进线，两台 35kV 变压器降压供电。

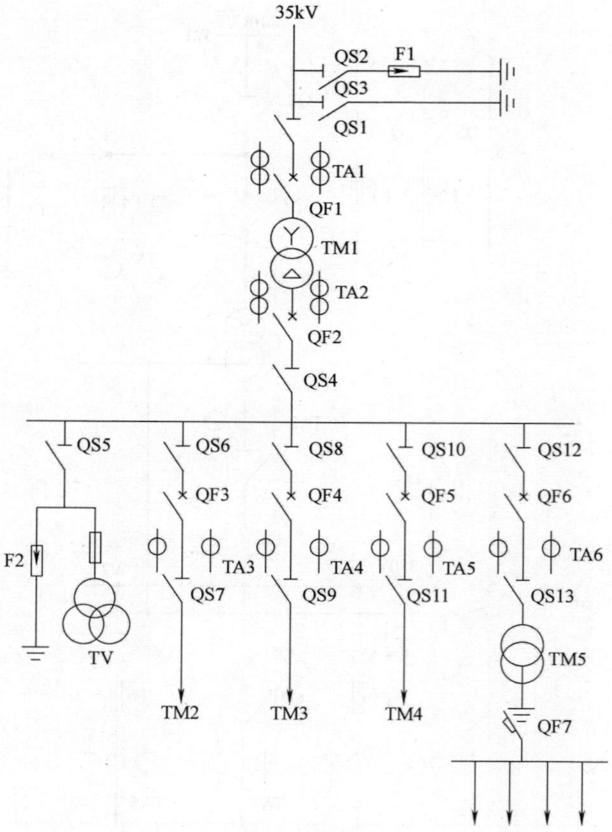

图 2-16 35kV 总降站电气系统图

2 识读变配电工程图

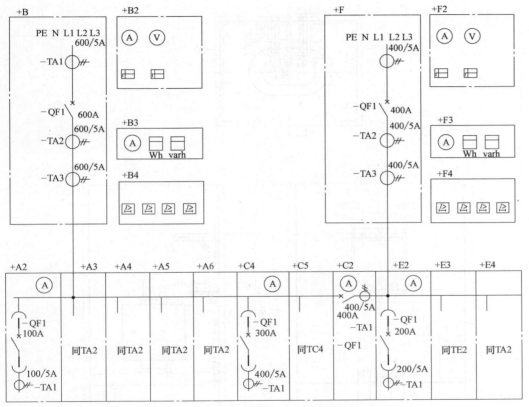

图2-17 380V/220V低压配电系统图

【例2-3】 识读380V/220V低压配电系统图。

图2-17为380V/220V低压配电系统图，从图中可以看出：

(1) 供电系统为TN-S系统（三相五线制，L1、L2、L3、N、PE）。

(2) 单线图画出五台组合式低压配电屏，位置代号分别为+A、+B、+C、+E、+F，每台柜中又分五路，分别为+1、+2、+3、+4、+5。

(3) 低压配电系统为两路进线，设置两台进线柜+B和+F，线路开关（空气断路器QF1）装于+B2、+F2单元中。

(4) 开关额定电流为600A。

(5) +B2、+F2面板上装有电流表、电压表及复合开关，电流互感器为600A/5A。

(6) +B3、+F3为计量单元，通过电流互感器-TA2将600A一次电流折算为5A二次电流，送到电流表、有功电能表、无功电能表计量，+B4、+F4是保护单元，内装有电流互感器（600A/5A）一组，电流继电器四个，进行过电流保护。

(7) +A2、+A3、+A4、+A5为+A6馈电单元，分别装有100A空气断路器和100A/5A电流互感器。

(8) +C为联络单元，在两路供电系统当中，当一路发生故障停电，另一路可自动进行切换。+C2装有两路母线联络开关QF1（400A）和一个电流表。当一路停电时，另一路可自动进行切换，保持供电。+C4、+C5为馈电单元，装有300A空气断路器、一个400A/5A的电流互感器及电流表。

(9) +E2、+E3、+E4也是馈电单元，装有200A空气断路器（QF1）和一个200A/5A的电流互感器。

2.2 识读变配电所平面布置图

1. 变压器室布置图

三相油浸式变压器通常要求一台变压器一个变压器室,如图 2-18 所示。从图中可以看出,变压器为宽面推进,低压侧朝外;后面出线,后面进线;高压侧为电缆进线,地坪不抬高。

电力变压器室布置可参照全国通用的电气装置标准图集 D264《附设电力变压器室布置》(适用 6~10/0.4/0.23kV,200~1250kVA)。

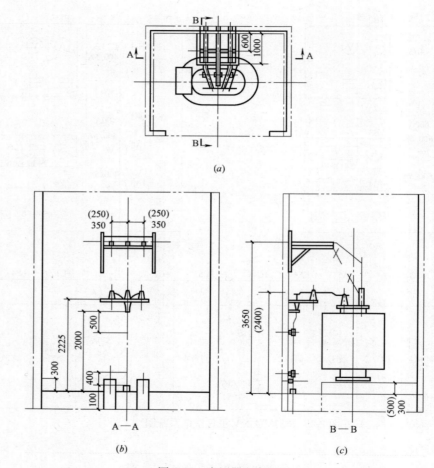

图 2-18 变压器室布置图
(a) 平面图;(b) A—A 剖面图;(c) B—B 剖面图

2. 高低压配电室布置图

高低压配电室中高低压柜的布置形式，一般是看高低压柜的型号、数量、进出线方向及母线形式。同时还应充分考虑安装与维修的方便，留有足够的操作通道与维护通道，还要考虑到今后的发展应留有适当数量的备用开关柜的位置。

（1）高压配电室：高压配电室中开关柜的布置包括有单列和双列两种。高压进线有电缆进线和架空线进线，采用电缆进线的高压配电室如图 2-19 所示，图 2-19（a）为单列布置，高压电缆由电缆沟引入，图 2-19（b）为双列布置。

如图 2-20 所示为采用架空线进线的高压配电室，架空线可从柜前、柜后及柜侧进线。

（2）低压配电室：低压配电室主要放置低压配电柜，向用户（负载）输送、分配电能。常用的低压配电柜抽屉式 GCL、GCK、BFC；有固定式 GLK、GLL、GGD；组合式 MGD、DOMINO 等系列。低压配电柜可单列布置或双列布置。为了维修方便，低压配电屏离墙应不小于 0.8m。单列布置时，操作通道应不小于 1.5m；双列布置时，操作通道应不小于 2.0m，如图 2-21 所示。

低压配电室的高度要同压器室进行综合考虑，以便变压器低压出线。低压配电柜的进出线可上进上出，也可下进下出或上进下出。进出线通常都采用母线槽与电缆。

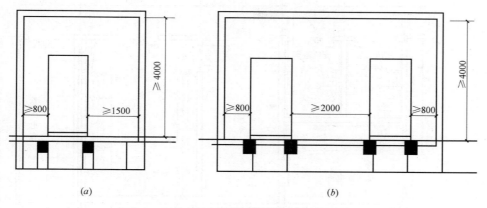

图 2-19 高压配电室剖面图
(a) 单列布置；(b) 双列布置

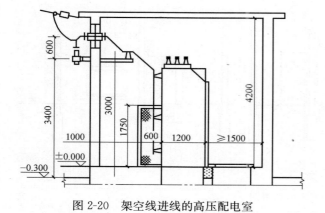

图 2-20 架空线进线的高压配电室

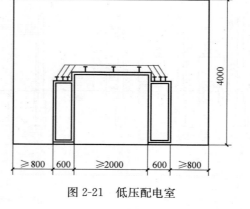

图 2-21 低压配电室

3. 变配电布置图

在低压供电中，为了提高供电的可靠性，通常都采用多台变压器并联运行。当负载增大时，变压器可全部投入；负载减少时，可切除一台变压器，提高变压器的运行效率。如图2-22所示为两台变压器的变配电所。从图中可以看出：两台变压器均有独立的变压器室，变压器为窄面推进，油枕朝大门，高压为电缆进线，低压为母排出线。值班室紧靠高低压配电室，且有门直通，运行维护方便。高压电容器室与高压配电室分开，只有一墙将其隔开，安全方便，各室也都留有一定余地，便于发展。

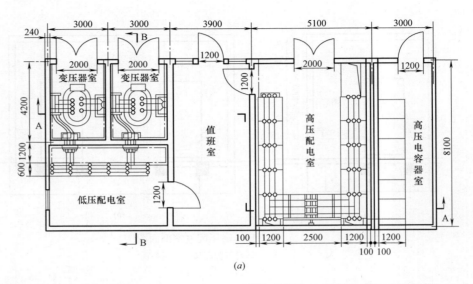

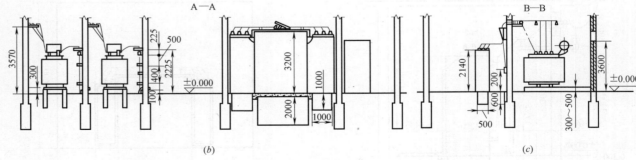

图 2-22 变配电所布置图
(a) 平面图；(b) A—A 剖面图；(c) B—B 剖面图

2 识读变配电工程图

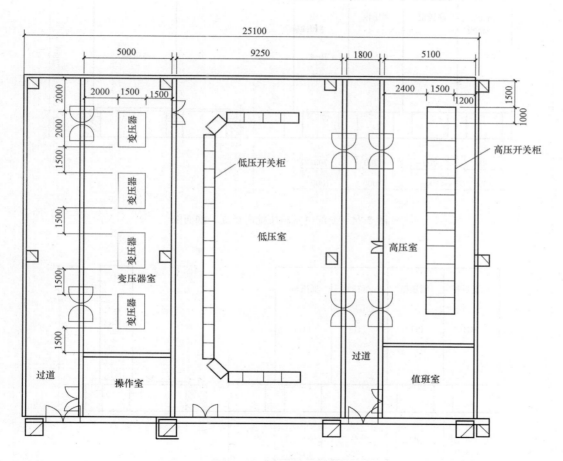

图 2-23 某公寓变配电所平面图

【例 2-4】 识读某公寓变配电所平面图。

图 2-23 为某公寓变配电所平面图,从图中可以看出:

该变电所位于公寓地下一层,变电所内共分为高压室、低压室、变压器室、操作室及值班室等。其中,低压配电室与变压器室相邻,变压器室内共有 4 台变压器,由变压器向低压配电屏采用封闭母线配电,封闭母线与地面的高度不得低于 2.5m。低压配电屏采用 L 形进行布置,低压配电屏内包括无功补偿屏,此系统的无功补偿在低压侧进行。高压室内共设 12 台高压配电柜,采用两路 10kV 电缆进线,电源为两路独立电源,每一路分别供给两台变压器供电。在高压室侧壁预留孔洞,值班室与高、低压室紧密相邻,有门直通,便于维护与检修,操作室内设有操作屏。

图 2-24、图 2-25 分别为变配电室高、低压配电柜安装立、剖面图，图中给出了配电柜下及柜后电缆地沟的具体做法。

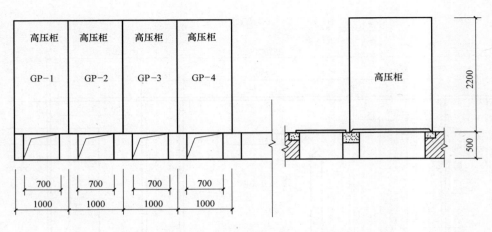

图 2-24　变配电室高压配电柜立、剖面图

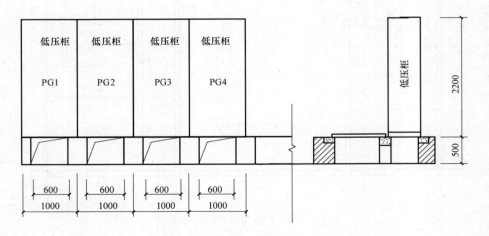

图 2-25　变配电室低压配电柜立、剖面图

2 识读变配电工程图

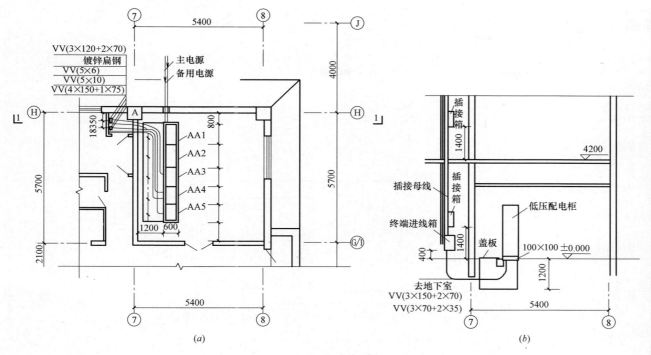

图 2-26 某办公大楼配电室平面布置图
(a) 平面图；(b) 1—1 剖面图（1∶5）

【例 2-5】 识读某办公大楼配电室平面布置图。

图 2-26 为某办公大楼配电室平面布置图，从图中可以看出：

（1）配电室位于一层右上角 ⑦-⑧ 和 Ⓗ-Ⓖ/Ⓙ 轴间，面积为 5450mm×5800mm。

（2）两路电源进户，其中有一备用电源 380V/220V，电缆埋地引入，进户位置Ⓗ轴距⑦轴 1200mm 并引入电缆沟内，进户后直接接于 AA1 柜总隔离刀开关上闸口。

（3）进户电缆型号为 VV（3×120＋2×70），备用电缆型号为 VV（4×150＋1×75），由厂区变电所引来。

（4）室内设柜 5 台，成列布置于电缆沟上，距Ⓗ轴为 800mm，距⑦轴为 1200mm。

（5）出线经电缆沟引至⑦轴与Ⓗ轴所成直角的电缆竖井内，通往地下室的电缆引出沟后埋地－0.8m 引入。

（6）柜体型号及元器件规格型号见表 2-1。

（7）槽钢底座应采用 100mm×100mm 槽钢。

（8）接地线由⑦轴与Ⓗ轴交叉柱 A 引出到电缆沟内并引到竖井内，材料为 40mm×4mm 镀锌扁钢。

设备规格符号　　　　　表 2-1

编号	名称	型号规格	单位	数量	备注
AA1	低压配电柜	GGD2-15	台	1	—
AA2	无功补偿柜	GGJ2-01	台	1	—
AA3、AA5	低压配电柜	GGD2-38	台	2	—
AA4	低压配电柜	GGD2-39	台	1	—
—	插接母线	CFW-3A-400A	—		92DQ5-133

2.3 识读变配电系统二次电路图

1. 二次电路原理接线图

（1）整体式原理图：整体式原理图在电路图中只画出主接线的有关部分仪表、继电器及开关等电气设备，采用集中表示法将其整体画出，并将其相互联系的电流回路、电压回路、信号回路等所有的回路综合绘制于一张图上，使读者对整个装置的构成有一个整体的概念。整体式原理图中图形符号的各个组成部分均为集中绘制的，如图 2-27 所示。

整体式原理图的特点主要有以下几方面：

1）图中的各种电气设备均采用图形符号，并用集中表示法绘制。如继电器的线圈与触点是画在一起的，电工仪表的电压线圈与电流线圈也是画在一起的，这样，就使二次设备之间的相互连接关系表现得较为直观，使读者对二次系统有了一个整体的认识。

2）对于图的布置，一般是一次回路采用垂直布置，二次回路采用水平布置。

3）因整体式原理图主要用于表示二次回路装置的工作原理和构成整套装置所需要的设备，其各设备间的联系均以设备的整体连接来描述，并没有给出设备的内部接线、设备引出端的编号与导线的编号，没有给出与本图有关的电源、信号等具体接线，所以，并不具备完整的使用价值，不得用于现场安装接线与查找故障等。尤其是对于某些复杂的装置，因二次设备比较多，接线较为复杂，如对每个元件都用整体形式来表述，将会对图样设计与阅读带来较大的困难，所以，对于比较复杂的装置或系统，其二次回路原理图的绘制要采用展开式原理图方式。

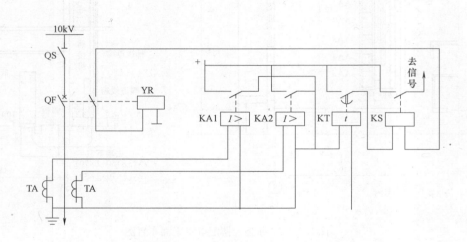

图 2-27 变压器定时限过电流保护整体式原理图

（2）展开式原理图：展开式原理图是按各个回路的功能布置，将每套装置的交流电流回路、交流电压回路及直流回路等分开表示、独立绘制，同时也将仪表、继电器等的线圈、触点分别绘制于所属的回路中。同整体式原理图相比较，其具有的特点是线路清晰、易于理解整套装置的动作程序和工作原理。如图 2-28 所示为变压器过电流保护展开式原理图。

变压器过电流保护展开式原理图的绘制一般遵循以下几个原则：

1）主回路采用粗实线绘制，控制回路采用细实线进行绘制。

2）主回路垂直布置于图的左方或上方，控制回路水平布置于图的右方或下方。

3）控制回路采用水平绘制，并尽量减少交叉，按照动作的顺序排列，以便于阅读。

4）同一电气设备元器件的不同位置，线圈和触点都采用同一文字符号标明。

5）每一接线回路的右侧一般要有简单的文字说明，并分别说明各个电气设备元器件的作用。

6）全部电器触点是在开关不动作时的位置绘制。

7）在变配电站的高压侧，控制回路采用直流操作或交流操作电源，通常采用小母线供电方式，并采用固定的文字符号区分各个小母线的种类与用途，二次回路原理图中常用的小母线的文字符号见表 2-2。

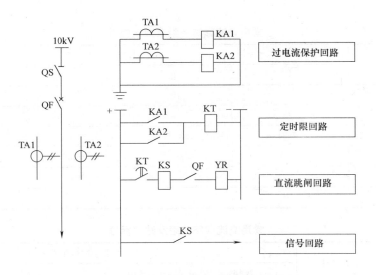

图 2-28　变压器过电流保护展开式原理图

常用小母线文字符号　　　　　　　　　表 2-2

名　　称	符　　号
控制电路电源小母线	KM
信号电路电源小母线	XM
事故声响信号小母线	SYM
预告信号小母线	YBM
闪光信号小母线	SM
"掉牌未复归"光字牌小母线	PM
电压互感器二次电压小母线	YM（YM_a、YM_b、YM_c）
交流 220V 电源小母线	A、O 或 A、N

8）为了安装接线及维护检修方便，在展开式原理图中，将每一回路及电气设备元器件间的连接相应标号，并按用途进行分组。常用的直流回路分组及数字标号见表2-3，常用的交流回路分组及数字标号见表2-4。

常用直流回路分组及数字标号　　　　　　　　表2-3

回路名称	数字标号组			
	Ⅰ	Ⅱ	Ⅲ	Ⅳ
正电源回路	1	101	201	301
负电源回路	2	102	202	302
合闸回路	3~31	103~131	203~231	303~331
跳闸回路	33~49	133~149	233~249	333~349
保护回路	01~099(J1~J99)			
信号及其他回路	701~999			

常用交流回路分组及数字标号　　　　　　　　表2-4

回路名称	互感器符号	数字标号组			
		A相	B相	C相	N
电流回路	LH	A401~A409	B401~B409	C401~C409	N401~N409
	1LH	A411~A419	B411~B419	C411~C419	N411~N419
	2LH	A421~A429	B421~B429	C421~C429	N421~N429
电压回路	YH	A601~A609	B601~B609	C601~C609	N601~N609
	1YH	A611~A619	B611~B619	C611~C619	N611~N619
	2YH	A621~A629	B621~B629	C621~C629	N621~N629
控制、保护、信号回路		A1~A399	B1~B399	C1~C399	N1~N399

2. 测量电路图

（1）电流测量电路：在 6～10kV 高压变配电线路、380V/220V 低压配电线路中测量电流，通常要用电流互感器。

1）一相电流测量线路。当线路电流比较小时，可将电流表直接串入电路，如图 2-29 所示；当线路电流较大时，常在线路中安装一只电流互感器，电流表串接于电流互感器的二次侧，通过电流互感器来测量线路电流，如图 2-30 所示。

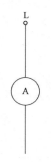

图 2-29　电流表直接串入电路

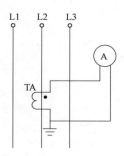

图 2-30　电流表通过电流互感器测量线路电流

2）两相式接线电流测量线路。在两相线路中接有两只电流互感器，组成 V 形连接，在两个电流互感器的二次侧接有三只电流表（三表二元件）。如图 2-31 所示，两个电流表与两个电流互感器二次侧直接相连，测量这两相线路的电流，另一个电流表所测的电流是两个电流互感器二次侧电流之和，正好是未接电流互感器相的二次电流（数值）。三个电流表通过两个电流互感器测量三相电流，两相式接线适用于三相平衡的线路中。

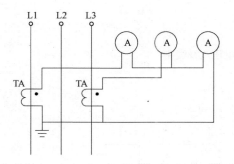

图 2-31　两相式接线电流测量线路

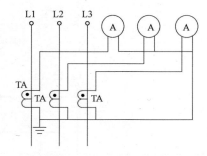

图 2-32　三只电流表三元件电流测量电路

3）三相显形接线测量线路。如图 2-32所示为三表三元件电流测量电路，三只电流表分别与三个电流互感器的二次侧连接，分别测量三相电流，三相显形接线用于三相负荷不平衡电路中。

（2）电压测量线路：低压线路电压的测量，可将电压表直接并接在线路中。高压配电线路电压的测量，一般要加装电压互感器，电压表通过电压互感器来测量线路电压。

1）直接电压测量线路。当测量低压线路电压时，可将电压表直接并接在线路中，如图2-33所示。此方式适用于高压线路电压测量。

2）线电压测量线路。采用两个单相电压互感器如图2-34所示，用来测量三个电压。此方式适用于两相电路的电压的测量。

3）相电压测量线路。采用三只电压表分别与三只单相电压互感器二次侧连接如图2-35所示，分别测量三相电压。此方式适用于三相电路的电压测量。

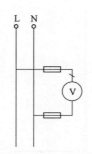

图 2-33 直接电压测量线路

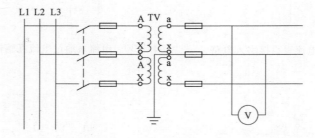

图 2-34 线电压测量线路

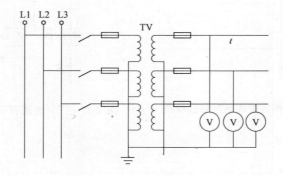

图 2-35 相电压测量线路

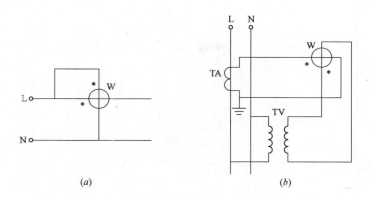

图 2-36 单相功率测量线路
(a) 直接测量线路；(b) 经电压互感器和电流互感器接入

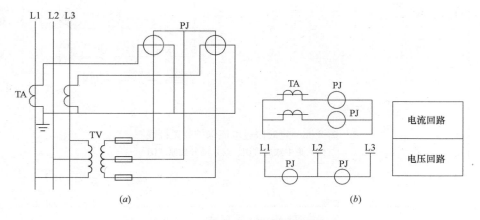

图 2-37 三相有功电能表测量线路
(a) 集中表示法；(b) 分开表示法

(3) 功率、电能测量线路：为了掌握变配电线路的负荷情况，应对电气设备的功率及电能进行测量。

1) 单相功率测量线路。单相功率测量线路如图 2-36 所示，直接测量线路如图 2-36 (a) 所示，电流线圈串入被测电路，电压线圈并入被测电路。"＊"为同名端；图 2-36 (b) 是单相功率表的电压线圈与电流线圈分别经电压互感器、电流互感器接入。

2) 三相有功电能表测量线路。三相有功电能表线路如图 2-37 所示，表头的电压线圈的电流线圈经电压互感器和电流互感器接入。集中表示法如图 2-37 (a) 所示，分开表示法如图 2-37 (b) 所示。PJ 为电能表。

3. 继电保护电路图

在供电系统中最容易发生的故障是短路、过载、绝缘击穿和雷击等。为了保证供电系统能够安全可靠地运行，必须安装保护装置，以便监视供电系统的工作情况，及时发现故障并切断电源，防止事故扩大。常用的保护有定时限过电流保护、反时限过电流保护、电流速断保护、单相接地保护等。

（1）定时限过电流保护：定时限过电流保护装置是指电流继电器的动作限时固定，其主要由电磁式电流继电器等构成，其原理图和展开图如图 2-38 所示。在图（a）中，所有元件的组成部分都集中表示；在图（b）中，所有元件的组成部分按所属回路分开表示。展开图简明清晰，广泛应用于二次回路图中。

电流继电器 KA1、KA2 是保护装置的测量元件，用来鉴别线路的电流是否超过整定值；时间继电器 KT，是保护装置的延时元件，用延时的时间来保证装置的选择性，控制装置的动作；信号继电器 KS，是保护装置的显示元件，显示装置动作与否和发出报警信号；KM 中间继电器，是保护装置的动作执行元件，直接驱动断路器跳闸。

正常运行时，过电流继电器不动作，KA1、KA2、KT、KS、KM 的触点都是断开的。断路器跳闸线圈 YR 电源断路，断路器 QF 处在合闸状态。

当在保护范围内发生故障或过电流时，电流继电器 KA1、KA2 动作，触点闭合，启动时间继电器 KT，经过 KT 的预定延时后，其触点启动信号继电器 KS 和中间继电器 KM，接通 YR 电源，断路器 QF 跳闸，同时信号继电器 KS 触点闭合，发出动作和报警信号。

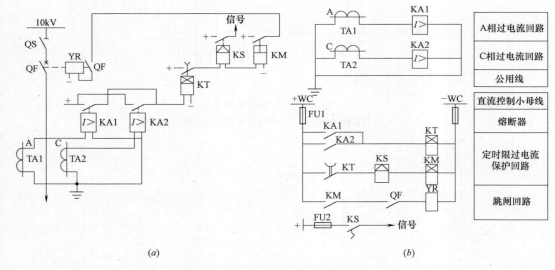

图 2-38　定时限过电流保护装置接线图
（a）集中式原理图；（b）展开式原理图

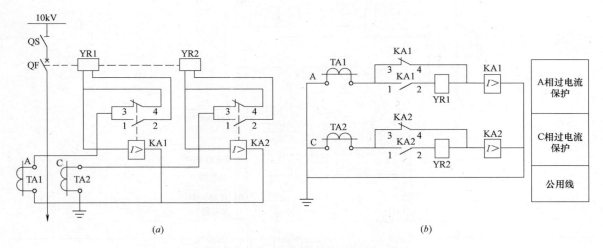

图 2-39 反时限过电流保护装置接线图
(a) 集中式原理图；(b) 展开式原理图

（2）反时限过电流保护：反时限过电流保护装置是指电流继电器的动作时限与通过它的电流大小成反比，其主要由 GL 型感应式电流继电器构成。其原理图和展开图如图 2-39 所示。在图（a）中，所有元件的组成部分都集中表示；在图（b）中，所有元件的组成部分按所属回路分开表示。该继电器具有反时限特性，动作时限与短路电流大小有关，短路电流越大，动作时限越短。

如图 2-39 所示的反时限过电流保护采用交流操作的"支分流跳闸"原理。正常运行时，跳闸线圈被继电器的动断触点短路，电流互感器二次侧电流经继电器线圈及动断触点构成回路，保护不动作。

当线路发生短路时，继电器动作，其动断触点打开，电流互感器二次侧电流流经跳闸线圈，断路器 QF 跳闸，切断故障线路。

55

(3) 电流速断保护：电流速断保护是一种瞬时动作的过电流保护，它的选择性不是依靠时限，而是依靠选择适当的动作电流来解决，在实际中电流速断保护常与过电流保护配合使用。定时限过电流保护和电流速断保护的接线图如图 2-40 所示。定时限过电流保护和电流速断保护共用一套电流互感器和中间继电器，电流速断保护还单独使用电流继电器 KA3 和 KA4，信号继电器 KS2。

当线路发生短路时，流经继电器电流大于电流速断的动作电流时，电流继电器动作，其动合触点闭合，接通信号继电器 KS2 和中间继电器 KM 回路，中间继电器 KM 动作使断路器跳闸，KS2 动作表示电流速断保护动作，并启动信号回路发出灯光和音响信号。

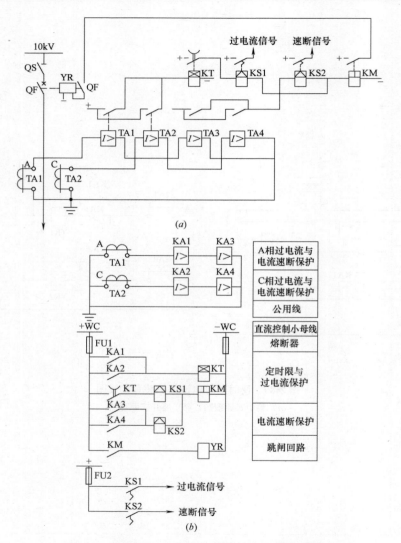

图 2-40　定时限过电流保护和电流速断保护接线图
(a) 集中式原理图；(b) 展开式原理图

（4）单相接地保护：单相接地保护原理接线图如图 2-41 所示。

架空线路单相接地保护如图（a）所示，一般采取由三个电流互感器接成零序电流过滤器的接线方法。三相电流互感器的二次电流相量相加后流入继电器。当系统正常及三相对称运行时，三相电流的相量和为零，故流入继电器的电流为零，一旦系统发生单相接地故障，三个电流互感器分别流入零序电流 I_0，故检测出 $3I_0$，大于继电器的动作电流，继电器动作并发出信号。

电缆线路单相接地保护如图（b）所示，一般采用零序变流器（零序电流互感器）保护的接线方式。当系统正常及三相对称短路时，变流器中没有感应出零序电流，继电器不动作。一旦系统发生单相接地故障，有接地电容电流通过，此电流在二次侧感应出零序电流，使继电器动作并发出信号。

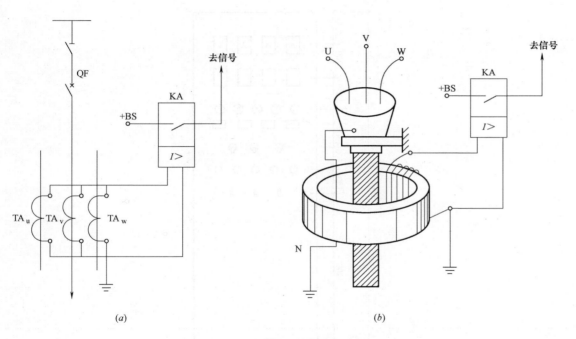

图 2-41 单相接地保护原理接线图
(a) 架空线路；(b) 电缆线路

4. 二次回路安装接线图

二次安装接线图是反映二次设备及其连接与实际安装位置的图纸。变配电所的二次安装接线图主要有屏面布置图、端子排图、屏后接线图及二次线缆敷设图等。

(1) 屏面布置图：屏面布置图主要是二次设备在屏面上具体位置的详细安装尺寸，是用来装配屏面设备的依据。

二次设备屏主要包括两种类型：一种是在一次设备开关柜屏面上方设计一个继电器小室，屏侧面有端子排室，正面安装有信号灯、开关、操作手柄及控制按钮等二次设备；另一种是专门用来放置二次设备的控制屏，它主要用于较大型变配电站的控制室。屏面布置图通常是按一定比例绘制而成，并标出与原理图相一致的文字符号与数字符号。屏面布置应采取的原则是屏顶安装控制信号电源及母线，屏后两侧安装端子排和熔断器，屏上方安装少量的电阻、光字牌、信号灯、按钮、控制开关及有关的模拟电路，如图 2-42 所示。

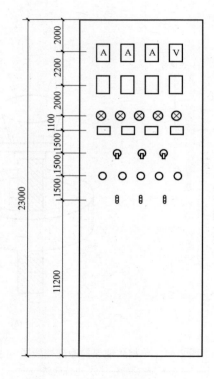

图 2-42 屏面布置图

(2) 端子排图：端子排是屏内与屏外各个安装设备间连接的转换回路。屏内二次设备正电源的引线和电流回路的定期检修等，都要由端子来实现，许多端子组成在一起即为端子排。表示端子排内各端子与外部设备间导线连接的图为端子排接线图，也叫作端子排图。

通常将为某一主设备服务的所有二次设备称为一个安装单位，它是二次接线图上的专用名词，如"××变压器"、"××线路"等。对于共用装置设备，如信号装置与测量装置，可单独用一个安装单位来表示。

二次接线图中，安装单位均采用一个代号来表示，通常用罗马数字编号，即Ⅰ、Ⅱ、Ⅲ等。这一编号是这一安装单位用的端子排编号，也是这一单位中各种二次设备总的代号。如第Ⅰ安装单位中第4号设备，可以表示为Ⅰ4。

端子按用途可分为以下几种：

普通型端子：用于连接屏内外导线。

实验端子：在系统不断电时，可以通过这种端子对屏上仪表和继电器进行测试。

连接型端子：用于端子之间的连接，从一根导线引入，很多根导线引出。

标记型端子：用于端子排两端或中间，以区分不同安装单位的端子。

标准型端子：用来连接屏内外不同部分的导线。

特殊型端子：用于需要很方便断开的回路中。

端子的排列方法一般遵循以下原则：

1) 屏内设备与屏外设备的连接必须经过端子排，其中，交流回路经过实验端子，声响信号回路为便于断开实验，应经过特殊端子或实验端子。

2) 屏内设备与直接接至小母线设备一般应经过端子排。

3) 同一屏上各个安装单位之间的连接应经过端子排。

4) 各个安装单位的控制电源的正极或交流电的相线均由端子排引接，负极或中性线应与屏内设备连接，连线的两端应经过端子排。

端子上的编号方法为：端子的左侧通常为与屏内设备相连接设备的编号或符号；中左侧为端子顺序编号；中右侧为控制回路相应编号；右侧一般为与屏外设备或小母线相连接的设备编号或符号；正负电源间通常编写一个空端子号，防止造成短路，在最后预留2~5个备用端子号，向外引出电缆按其去向，分别编号，并用一根线条集中进行表示。其具体的表示方法如图2-43所示。

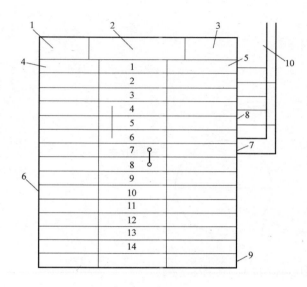

图 2-43 端子排图

1—端子排代号；2—安装项目（设备）名称；3—安装项目（设备）代号；
4—左连设备端子编号；5—右连设备端子编号；6—普通型端子；
7—连接端子；8—试验端子；9—终端端子；10—引向屏外连接导线

（3）屏后接线图：屏后接线图是按照展开式原理图、屏面布置图与端子排图而绘制的，作为屏内配线、接线和查线的主要参考图，它也是安装图中的主要图纸。

屏后接线图的绘制应遵照以后下几条基本原则：

1）屏上各设备的实际尺寸已由平面布置图决定，图形不要按比例绘制，但应保证设备间的相对位置正确。

2）屏后接线图是背视图，看图者的位置应在屏后，因此左右方向正好与屏面布置图相反。

3）各设备的引出端子要注明编号，并按实际排列的顺序画出。设备内部接线通常不必画出，或只画出有关的线圈和触点。从屏后看不见的设备轮廓，其边框应用虚线来表示。

4）屏上设备间的连接线，要尽量以最短线连接，不得迂回曲折。

屏内设备的标注方法如图2-44所示。在设备图形上方画一个圆圈来标注，上面写出安装单位编号，旁边标注该安装单位内的设备顺序号，下面标注设备的文字符号与设备型号。

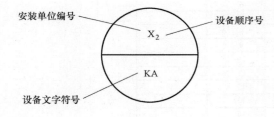

图 2-44　屏内设备的标注方法

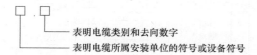

图 2-45 二次电缆标号的表述方式

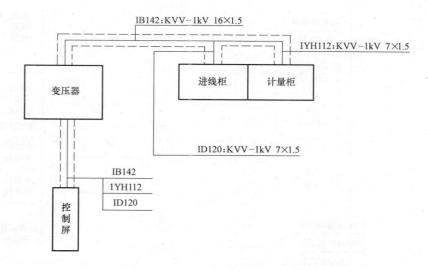

图 2-46 二次电缆敷设示意图

（4）二次线缆敷设图：在复杂系统二次接线图中，有许多二次设备分布在不同地方，如对于控制屏和开关柜，因其控制和保护的要求，二者间常常需要用导线互相连接，对于复杂的系统，需要绘制出二次电缆敷设图，表示实际安装敷设的方式。

二次电缆敷设时要求使用控制电缆，电缆应选用多芯电缆，当电缆芯截面积不超过 $1.5mm^2$ 时，电缆芯数不应超过 30 芯；当电缆芯截面积为 $2.5mm^2$ 时，电缆芯数不应超过 24 芯；当电缆芯截面积为 $4\sim 6mm^2$ 时，电缆芯数不应超过 10 芯；对于大于 7 芯以上的控制电缆，应注意留有必要的备用芯；对于接入同一安装屏内两侧端子的电缆，芯数超过 6 芯以上时要采用单独电缆；对于较长的电缆，要尽可能减少电缆根数，避免中间多次转接。一般计量表回路的电缆截面积应不小于 $2.5mm^2$；电流回路保护装置与电压回路保护装置的电缆截面积应计算后再进行确定；控制信号回路用控制电缆截面积应不小于 $1.5mm^2$。

二次电缆敷设图是指在一次设备布置图上绘制出电缆沟、电缆线槽、预埋管线、直接埋地的实际走向，以及在二次电缆沟内电缆支架上排列的图样。在二次电缆敷设图中，需要标出电缆编号和电缆型号。有时候在图中列出表格，详细标出每根电缆的起始点、终止点、电缆型号、长度及敷设方式等。

二次电缆标号的表述方式如图 2-45 所示。

数字部分表述的含义如下：

01～99：电力电缆。

100～129：各个设备接至控制室的电缆。

130～149：控制室各个屏间连接电缆。

150～199：其他各种设备间连接电缆。

二次电缆敷设示意图如图 2-46 所示。

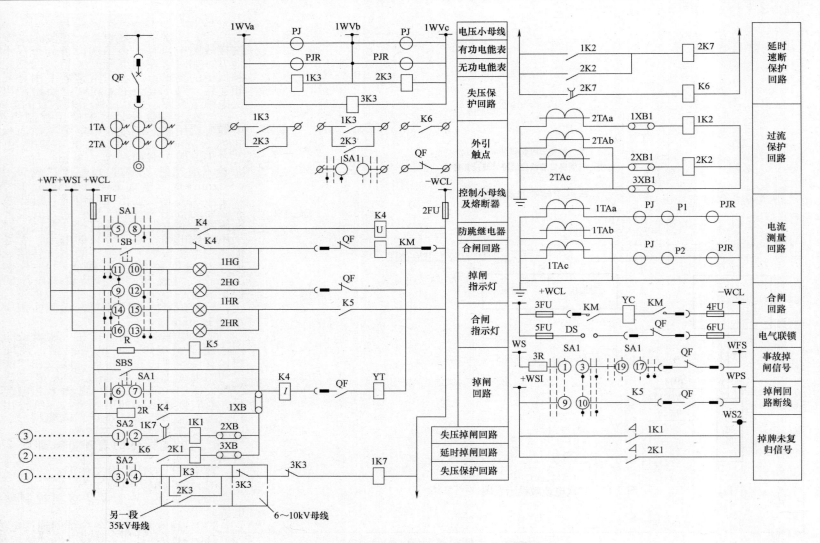

图 2-47 35kV 主进线断路器控制及保护二次回路原理图

【例 2-6】 识读 35kV 主进线断路器控制及保护二次回路原理图。

图 2-47 为 35kV 主进线断路器控制及保护二次回路原理图，从图中可以看出：

（1）断路器 QF 与母线的连接采用了高压插头与插座，省略了隔离开关，这说明 QF 是装设在柜内，且为手车柜或固定式开关柜。

（2）电压测量回路的电源是由电压小母线 WVa、WVb、WVc 得到的，并用两元件的有功电能表 PJ 和两元件的无功电能表 PJR 的电压线圈并接于小母线上，作为电能表的电压信号。

（3）在电压小母线上分别并接三只电压继电器 1K3～3K3，作为失压保护的测量元件，其中 3K3 的常闭点串接于失压保护回路里。

（4）电流测量回路的电源是由电流互感器 1TA 得到的，除了串接两元件电能表的电流线圈外，还串接两只电流表 P1、P2。

（5）保护回路由电流互感器 2TA 和电流继电器 1K2～2K2、时间继电器 2K7、中间继电器 K6 构成。

（6）断路器的控制回路由控制开关 SA1、按钮 SB 和 SBS、直流接触器 KM、时间继电器 1K7、中间继电器 K4 和 K5、断路器跳闸线圈 YT 和合闸线圈 YC、各种熔断器和电阻器、电锁 DS、转换开关 SA2 等组成。

（7）利用"合闸后"SA1 的触点 1-3 和 19-17 的接通完成的，但 QF 辅助常闭点合闸后是断开的，但事故跳闸后，QF 辅助常闭复位，SA1 保持原合闸后位置，此时事故掉闸音响回路接通启动，发出音响，表示事故跳闸。

【例 2-7】 识读 35kV 电压互感器二次接线原理图。

图 2-48 为 35kV 电压互感器二次接线原理图，从图中可以看出：

（1）电压互感器 TV 与母线的连接，采用捅头插座式并用熔断器 FU 进行保护。

（2）K3 作为控制小母线熔丝熔断的检测元件，正常时 K3 吸合，其常闭点打开，信号灯 15HL 熄灭，但当 K3 失电时，其常闭点延时闭合，15HL 点亮报警。

（3）K4 作为断相的检测元件，在正常时，1K1～3K1 全部吸合，1K1～3K1 的常闭并联后与 1K1～3K1 的常开串联，有一相断相，其 1K1～3K1 则有一只失电，常闭有一只闭合复位，而对应的常开则有一只打开，K4 接通电源动作，其常开闭合，14HL 点亮报警。

（4）K2 在动作时，其常开闭合，接通接地保护回路，时间继电器 K5 动作，其常闭延时闭合，使 13HL 点亮报警，同时信号继电器 K6 动作，发出掉牌未复归信号。

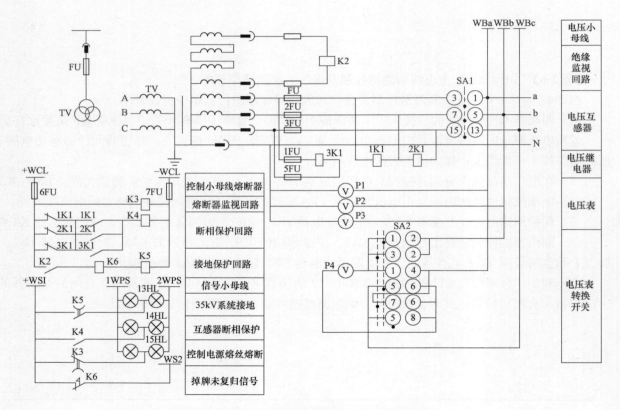

图 2-48 35kV 电压互感器二次接线原理图

【例 2-8】 识读 35kV 线路定时限过电流保护和电流速断保护整体式原理图。

图 2-49 为 35kV 线路定时限过电流保护和电流速断保护电路,从图中可以看出:

(1) 电流互感器为不完全星形接线。

(2) 其保护包括两部分:电流速断保护和定时限过电流保护。

(3) 电流速断保护由过电流继电器 KA3、KA4、信号继电器 KS2、中间继电器 KM、断路器辅助常开触点 QF、跳闸线圈 YR 组成。

(4) 当二次电流超过电流继电器 KA3 或 KA4 的动作电流值时,电流继电器动作,其常开触点闭合,接通信号继电器 KS2、中间继电器 KM 的回路,信号继电器 KS2 动作,其常开触点闭合,接通速断信号回路,同时中间继电器 KM 也动作,其常开触点闭合,接通跳闸线圈 YR 回路(断路器合闸后,其辅助触点 QF 处于闭合状态),使之断路器自动跳闸,断开线路。

(5) 定时限过电流保护电路由 KA1、KA2、时间继电器 KT、信号继电器 KS1、中间继电器 KM、断路器常开辅助触点 QF、跳闸线圈 YR 组成。

(6) 当线路电流增加时,使得电流互感器二次电流达到或超过电流继电器 KA1 或 KA2 的动作电流值时,电流继电器动作,其常开触点闭合;接通时间继电器 KT 回路,时间继电器动作,其延时闭合常开触点经一段延时(整定时限)后闭合,接通过电流信号继电器 KS1、中间继电器 KM 回路,使得信号继电器 KS1 和中间继电器 KM 动作;其常开触点分别接通过电流信号回路和跳闸线圈回路,使断路器自动跳闸,断开主电路,并同时发出信号。

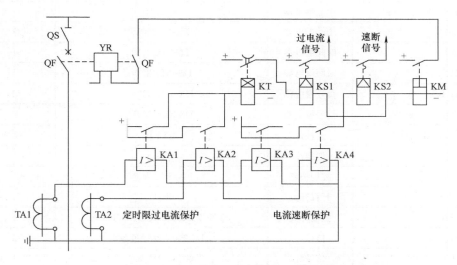

图 2-49 35kV 线路定时限过电流保护和电流速断保护电路

（3）当电流过大时，继电器 KA3、KA4 及 KA5 动作，使时间继电器 KT1 通电，其触点延时闭合使真空断路器跳闸，同时信号继电器 KS2 响应，信号屏显示动作信号；速断保护通过继电器 KA1、KA2 动作，使 KM 有电，迅速断开供电回路，并通过信号继电器 KS1 向信号屏反馈信号。

（4）当变压器高温时，WJ1 闭合，继电器 KS4 动作，高温报警信号反馈到信号屏，当变压器超温时，WJ2 闭合，继电器 KS5 动作，超温报警信号反馈至信号屏，同时 KT2 动作，实现超温跳闸。

（5）测量回路通过电流互感器 TA1 来采集电流信号，接至柜面上电流表。

（6）信号回路采集各控制回路及保护回路信号，并反馈至信号屏，其反馈的信号主要包括掉牌未复位、速断动作、过电流动作、变压器超温报警及超漏跳闸等信号。

变压器柜二次回路主要设备元件清单　　　　　表 2-5

序号	代号	名称	型号及规格	数量
1	A	电流表	42L6-A	1
2	KA1、KA2	电流继电器	DL-11/100	2
3	KA3、KA4、KA5	电流继电器	DL-11/10	3
4	KM	中间继电器	DZ-15/220V	1
5	KT2	时间继电器	DS-25/220V	1
6	KT1	时间继电器	DS-115/220V	1
7	KS4、KS5	信号继电器	DX-31B/220V	2
8	KS1、KS2、KS3、KS6、KS7	信号继电器	DX-31B/220V	5
9	LP1、LP2、LP3、LP4、LP5	连接片	YY1-D	5
10	QP	切换片	YY1-S	1
11	SA1	控制按钮	LA18-22 黄色	1
12	ST1、ST2	行程开关	SK-11	2
13	SA	控制开关	LW2-Z-1A、4.6A、40、20/F8 型	1
14	HG、HR	信号灯	XD5 220V 红绿色各 1	2
15	HL	信号灯	XD5 220V 黄色	1
16	JG	加热器	—	1
17	FU1、FU2	熔断器	GF1-16/6A	2
18	R1	电阻	ZG11-50Ω	1
19	H	荧光灯	YD12-1　220V	1
20	GSN	带电显示器	ZS1-10/T1	1
21	KA	电流继电器	DD-11/6	1
22	KT3	时间继电器	BS-72D　220V	1

3 识读动力与照明工程图

3.1 识读动力与照明系统图

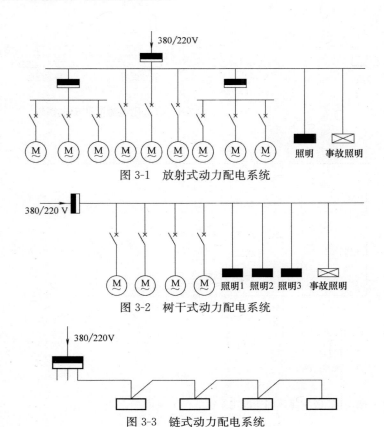

图 3-1 放射式动力配电系统

图 3-2 树干式动力配电系统

图 3-3 链式动力配电系统

1. 识读动力系统图

动力系统图是建筑电气施工图中最基本的图纸之一，是用来表达建筑物内动力系统的基本组成及相互关系的电气工程图。它一般用单线绘制，能够集中体现动力系统的计算电流、开关及熔断器、配电箱、导线或电缆的型号规格、保护套管管径和敷设方式、用电设备名称、容量及配电方式等。

低压动力配电系统的电压等级一般为 380V/220V 中性点直接接地系统，低压配电系统的接线方式主要有放射式、树干式和链式三种形式。

(1) 放射式动力配电系统：如图 3-1 所示，这种接线方式的主配电箱安装在容量较大的设备附近，分配电箱和控制开关与所控制的设备安装在一起，因此能保证配电的可靠性。当动力设备数量不多。容量大小差别较大，设备运行状态比较平稳时，一般采用放射式配电方案。

(2) 树干式动力配电系统：如图 3-2 所示，这种接线方式的可靠性比放射式要低一些，在高层建筑的配电系统设计中，垂直母线槽和插接式配电箱组成树干式配电系统。

当动力设备分布比较均匀，设备容量差别不大且安装距离较近时，可采用树干式动力系统配电方案。

(3) 链式动力配电系统：如图 3-3 所示，这种接线方式由一条线路配电，先接至一台设备，然后再由这台设备接至邻近的动力设备，通常一条线路可以接 3～4 台设备，最多不超过 5 台，总功率不超过 10kW。它的特性与树干式配电方案的特性相似，可以节省导线，但供电可靠性较差，一条线路出现故障，会影响多台设备的正常运行。当设备距离配电屏较远，设备容量比较小，且相互之间距离比较近时，可以采用链式动力配电方案。

2. 识读照明系统图

建筑电气照明系统图是用来表示照明系统网络关系的图纸，系统图应表示出系统的各个组成部分之间的相互关系、连接方式以及各组成部分的电器元件和设备及其特性参数。

照明配电系统有 220V 单相两线制和 380V/220V 三相五线制（TN-C 系统、TT 系统）。在照明分支中，一般采用单箱供电，在照明总干线中，为了尽量把负荷均匀地分配到各线路上，常采用三相五线制供电方式，以保证供电系统的三相平衡。

根据照明系统连接方式的不同可以分为以下几种方式：

（1）单电源照明配电系统：单电源照明配电系统如图 3-4 所示。照明线路与动力线路在母线上分开供电，事故照明线路与正常照明分开。

（2）有备用电源照明配电系统：有备用电源照明配电系统如图 3-5 所示。照明线路与动力线路在母线上分开供电，事故照明线路由备用电源供电。

（3）多层建筑照明配电系统：多层建筑照明配电系统如图 3-6 所示。多层建筑照明一般采用干线式供电，总配电箱设在底层。

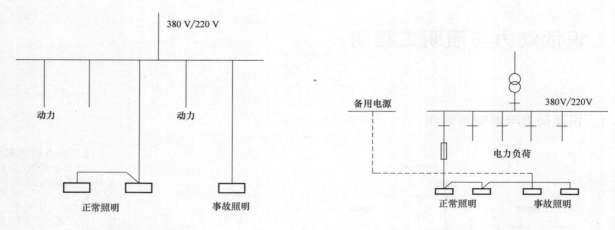

图 3-4　单电源照明配电系统

图 3-5　有备用电源照明配电系统

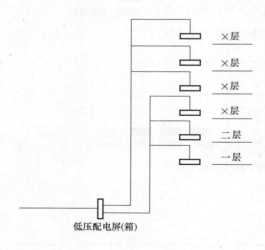

图 3-6　多层建筑照明配电系统

3 识读动力与照明工程图

【例 3-1】 识读某教学大楼 1～6 层动力系统图。

图 3-7 为某教学大楼 1～6 层动力系统图,从图中可以看出:

(1) 设备包括电梯及各层动力装置,其中电梯动力较为简单,由低压配电室 AA4 的 WPM4 回路用电缆经竖井引至 6 层电梯机房,接至 AP-6-1 号箱上,箱型号为 PZ30-3003,电缆型号为 VV-(5×10) 铜芯塑缆。该箱输出两个回路,电梯动力 18.5kW,主开关为 C45N/3P (50A) 低压断路器,照明回路主开关为 C45N/1P (10)。

(2) 动力母线是用安装在电气竖井内的插接母线完成的,母线型号为 CFW-3A-400A/4,额定容量为 400A,三相加一根保护线。母线的电源是用电缆从低压配电室 AA3 的 WPM2 回路引入的,其电缆型号为 VV(3×120+2×70) 铜芯塑电缆。

(3) 各层的动力电源是经插接箱取得的,插接箱与母线成套供应,箱内设两只 C45N/3P (32)、(50) 低压断路器,括号内数值为电流整定值,将电源分为两路。

(4) 这里仅以 1 层为例进行说明。电源分为两路,其中,一路是用电缆桥架 (CT) 将电缆 VV-(5×10)-CT 铜芯电缆引至 AP-1-1 号配电箱,型号为 PZ30-3004。另一路是用 5 根每根为 6mm^2。导线穿管径 25mm 的钢管将铜芯导线引至 AP-1-2 号配电箱,型号为 AC701-1。

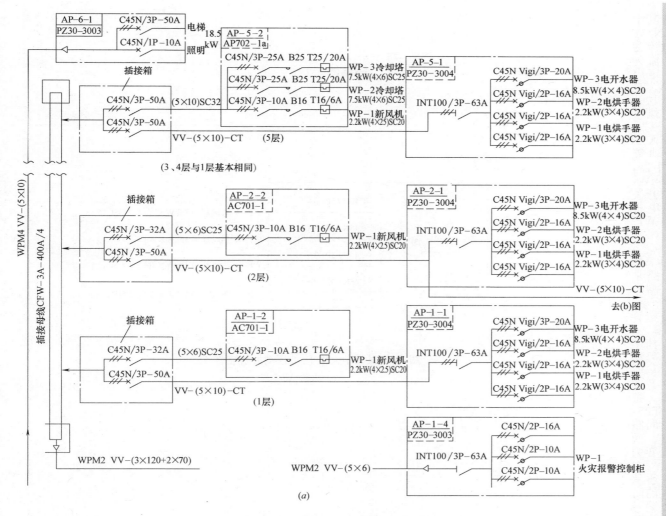

图 3-7 某教学大楼 1～6 层动力系统图(一)
(a) 带有 AP-2-1

AP-1-1 号配电箱分为四路，其中有一备用回路，箱内有 CA5N/3P（10A）的低压断路器，其整定电流为 10A，B16 交流接触器，额定电流为 16A，及 T16/6A 热继电器，额定电流为 16A，热元件额定电流为 6A。总开关为隔离刀开关，型号为 INT100/3P（63A），第一分路 WP-1 为电烘手器 2.2kW，用铜芯塑线（3×4）SC20 引出到电烘手器上，开关为 CA5N Vigi/2P（16A），有漏电报警功能（Vigi）；第二分路 WP-2 为电烘手器，同上；第三分路为电开水器 8.5kW，用铜芯塑线（4×4）SC20 连接，开关为 C45N Vigi/3P（20A），有漏电报警功能。AP-1-2 号配电箱为一路 WP-1，新风机 2.2kW，用铜芯塑线（4×2.5）SC20 连接。

2～5 层与 1 层基本相同，但 AP-2-1 号箱增了一个回路，这个回路是为一层设置的，编号为 AP-1-3，型号为 PZ30-3004，如图 3-7（b）所示，四路热风幕，0.35kW×2，铜线穿管（4×2.5）SC15 连接。

(5) 5 层与 1 层稍有不同，其中 AP-5-1 号与 1 层相同，而 AP-5-2 号增加了两个回路，两个冷却塔 7.5kW，用铜塑线（4×6）SC25 连接，主开关为 CA5N/3P（25A）低压断路器，接触器 B25 直接启动，热继电器 T25/20A 作为过载及断相保护。增加回路后，插接箱的容量也作相应调整，两路均为 C45N/3P（50A），连接线变为（5×10）SC32。

(6) 1 层除了上述回路外，还从低压配电室 AA4 的 WLM2 引入消防中心火灾报警控制柜一路电源，编号 AP-1-4，箱型号为 PZ30-3003，总开关为 INT100/3P（63A）刀开关，分 3 路，型号都为 C45N/ZP（16A）。

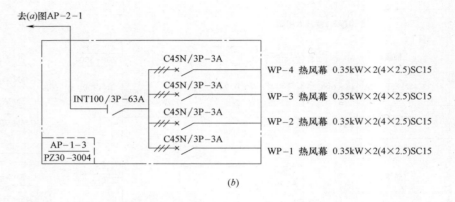

图 3-7 某教学大楼 1～6 层动力系统图（二）
(b) 去除 AP-2-1

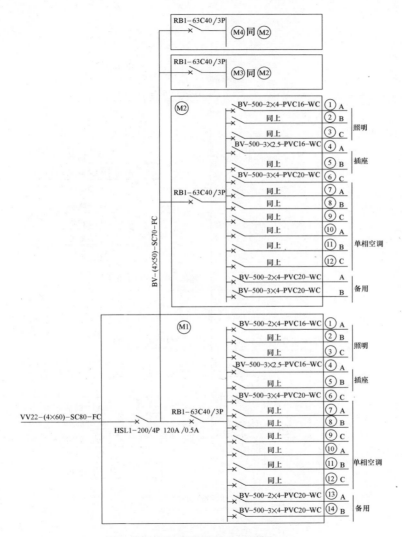

图 3-8 某照明配电系统图

【例 3-2】 识读某照明配电系统图。

图 3-8 为某照明配电系统图，从图中可以看出：

(1) 该照明工程采用三相四线制供电。

(2) 电源进户线采用 VV22-(4×60)-SC80-FC，表示四根铜芯塑料绝缘线，每根截面为 $60mm^2$，穿在一根直径为 80mm 的水煤气管内，埋地暗敷设，通至配电箱，内有漏电开关，型号为 HSL1-200/4P 120A/0.5A，然后引出四条支路分别向一、二、三、四层供电。

(3) 此四条供电干线为三相四线制，标注为 BV-4×50-SC70-FC，表示有四根铜芯塑料绝缘线，每根截面为 $50mm^2$，穿在直径为 70mm 的水煤气管内，埋地暗敷设。

(4) 底层为总配电箱，二、三、四层为分配电箱。每层的供电干线上都装有漏电开关，其型号为 RB1-63C40/3P。

(5) 由配电箱引出 14 条支路，其配电对象分别为：①、②、③支路向照明灯和风扇供电，线路为 BV-500-2 × 4-PVC16-WC，表示两根铜芯塑料绝缘线，每根截面为 $4mm^2$，穿直径为 16mm 的阻燃型 PVC 管沿墙暗敷。

(6) ④、⑤支路向单相五孔插座供电，线路为 BV-500-3×2.5-PVC16-WC。

(7) ⑥、⑦、⑧、⑨、⑩、⑪、⑫向室内空调用三孔插座供电，线路为 BV-500-3×4-PVC20-WC。

(8) ⑬、⑭支路备用。

【例 3-3】 识读某综合大楼照明系统图。

图 3-9 为某综合大楼照明系统图，从图中可以看出：

（1）进线标注为 VV22-4×16SC50-FC，说明本楼使用全塑铜芯铠装电缆，规格为 4 芯，截面积 16mm²，穿直径为 50mm 焊接钢管，沿地下暗敷设进入建筑物的首层配电箱。三个楼层的配电箱都为 PXT 型通用配电箱，一层 AL-1 箱尺寸为 700mm×660mm×200mm，配电箱内装一只总开关，使用 C45N-2 型单极组合断路器，容量为 32A。总开关后接本层开关，也使用 C45N-2 型单极组合断路器，容量为 15A。另外的一条线路穿管引上二楼。本层开关后共有 6 个输出回路，分别为 WL1～WL6。其中：WL1、WL2 为插座支路，开关使用 C45N-2 型单极组合断路器；WL3、WL4 及 WL5 为照明支路，使用 C45N-2 型单极组合断路器；WL6 为备用支路。

（2）1 层到 2 层的线路使用 5 根截面积为 10mm² 的 BV 型塑料绝缘铜导线连接，穿直径 35mm 焊接钢管，沿墙内暗敷设。二层配电箱 AL-2 与三层配电箱 AL-3 相同，都为 PXT 型通用配电箱，尺寸为 500mm×250mm×150mm。箱内主开关为 C45N-2 型 15A 单极组合断路器，在开关前分出一条线路接往三楼。主开关后为 7 条输出回路，其中：WL1、WL2 为插座支路，使用带漏电保护断路器；WL3、WL4、WL5 为照明支路；WL6、WL7 两条为备用支路。

（3）从 2 层到 3 层用 5 根截面积为 6mm² 的塑料绝缘铜线进行连接，穿 ϕ20mm 焊接钢管，沿墙内暗敷设。

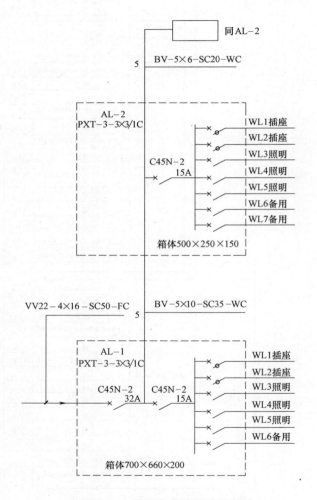

图 3-9 某综合大楼照明系统图

3 识读动力与照明工程图

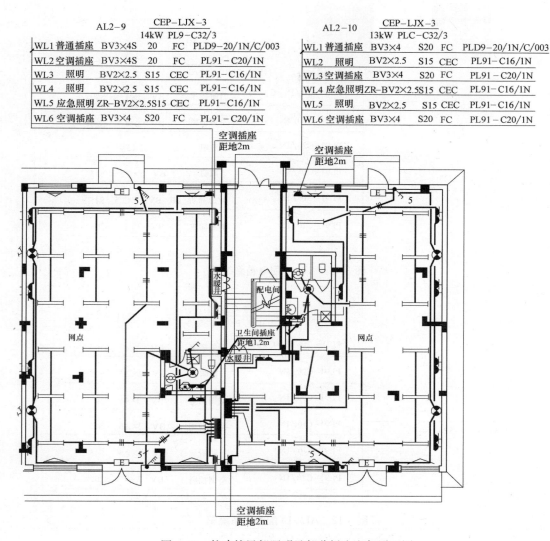

图 3-10 某建筑局部照明及部分插座电气平面图

【例 3-4】 识读某建筑局部照明配电箱系统图。

图 3-10 为某建筑局部照明及部分插座电气平面图，图 3-11 为 AL2-9 配电箱系统图，图 3-12 为 AL2-10 配电箱系统图，从图中可以看出：

（1）电源由配电箱 AL2-9 引出，配电箱 AL2-9、AL2-10 中由一路主开关和六路分开关构成。

（2）左面房间上下的照明控制开关均为四极，因此开关的线路为 5 根线（即火线进 1 出 4）。

（3）卫生间有一盏照明灯和一个排风扇，因此采用一个两极开关，其电源仍与前面照明公用一路电源。

（4）各路开关所采用的开关分别有 PL91-C16、PL91-C20 具有短路过载保护的普通断路器及 PLD9-20/1N/C/003 带有漏电保护的断路器，保护漏电电流为 30mA。

（5）各线路的敷设方式是 AL2-9 照明配电箱线路，分别为 3 根 $4mm^2$ 聚氯乙烯绝缘铜线穿直径 20mm 钢管敷设（BV3×4S20）、2 根 $2.5mm^2$ 聚氯乙烯绝缘铜线穿直径 15mm 钢管敷设（BV2×2.5S15）以及 2 根 $2.5mm^2$ 阻燃型聚氯乙烯绝缘铜线穿直径 15mm 钢管敷设（ZR-BV2×2.5S15）

（6）右侧房间的控制线路与左侧相似，只是上面的开关只控制两路照明光源，为两极开关，卫生间的照明控制仍采用两极开关控制照明灯和排风扇。

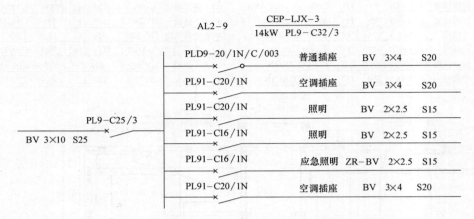

图 3-11　AL2-9 配电箱系统图

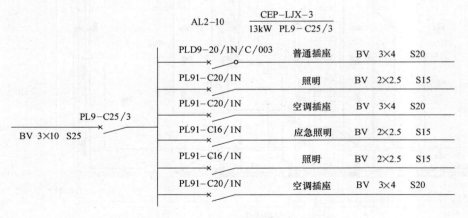

图 3-12　AL2-10 配电箱系统图

3.2 识读动力与照明平面图

1. 识读动力平面图

图 3-13 为某办公大楼配电室平面布置图,图中还列出了剖面图与主要设备的规格、型号。从图中可以看出,配电室位于一层右上角⑦-⑧和Ⓗ-Ⓖ/轴间,面积为 5400mm×5700mm。两路电源进户,其中有一备用电源 380V/220V,电缆埋地引入,进户位置Ⓗ轴距⑦轴 1200mm 并引入电缆沟内,进户后直接接于 AA1 柜总隔离刀开关上闸口。进户电缆型号为 VV22(3×185+1×95)×2,备用电缆型号为 VV22(3×185+1×95),由厂区变电所引来。

室内设柜 5 台,成列布置于电缆沟上,距⑦轴为 1200mm。出线经电缆沟引至⑦轴与Ⓗ轴所成直角的电缆竖井内,通往地下室的电缆引出沟后埋地-0.8m 引入。柜体型号及元器件规格型号见表 3-1 中的设备规格型号表。槽钢底座应采用 100mm×100mm 槽钢。电缆沟设木盖板厚为 50mm。

接地线由⑦轴与Ⓗ轴交叉柱 A 引出到电缆沟内并引到竖井内,材料为 40mm×4mm 镀锌扁钢,系统接地电阻≤4Ω。

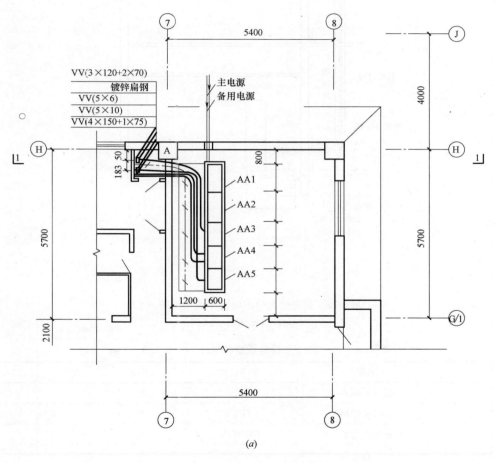

(a)

图 3-13 某办公大楼配电室平面布置图(一)
(a) 平面图

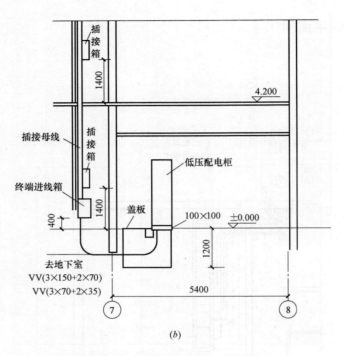

(b)

图 3-13 某办公大楼配电室平面布置图（二）
(b) 1—1 剖面图（1∶5）

设备规格符号　　　　　　　　　　　　　　　　表 3-1

编号	名称	型号规格	单位	数量	备注
AA1	低压配电柜	GGD2-15	台	1	—
AA2	无功补偿柜	GGJ2-01	台	1	—
AA3、AA5	低压配电柜	GGD2-38	台	2	—
AA4	低压配电柜	GGD2-39	台	1	—
—	插接母线	CFW-3A-400A	—	—	92DQ5-133

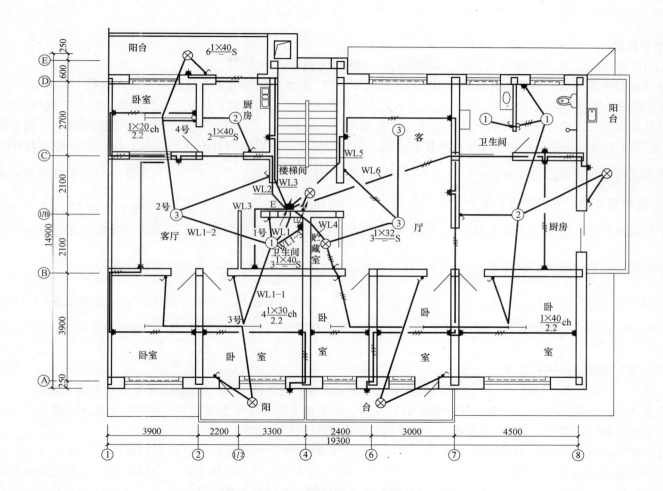

图 3-14 住宅楼标准电气层照明平面布置图

2. 识读照明平面图

图 3-14 为住宅楼标准电气层照明平面布置图，以图中①～③轴号为例说明如下：

(1) 根据设计说明中的要求，图中所有管线均采用焊接钢管或 PVC 阻燃塑料管沿墙或楼板内敷设，管径 15mm，采用塑料绝缘铜线，截面积 2.5mm^2，管内导线根数按图中标注，在黑线（表示管线）上没有标注的均为两根导线，凡用斜线标注的应按斜线标注的根数计。

(2) 电源是从楼梯间的照明配电箱 E 引入的，分为左、右两户，共引出 WL1～WL6 六条支路。为避免重复，可从左户的三条支路看起。其中 WL1 是照明支路，共带有 8 盏灯，分别画有①、②、③及⊗的符号，表示四种不同的灯具。每种灯具旁均有标注，分别标出灯具的功率、安装方式等信息。以阳台灯为例，标注为 $6\dfrac{1\times 40}{}S$，表示此灯为平灯口，吸顶安装，每盏灯泡的功率为 40W，吸顶安装，这里的"6"表明共有这种灯 6 盏，分别安装于四个阳台，以及储藏室和楼梯间。

(3) 标为①的灯具安装在卫生间，标注为 $3\dfrac{1\times 40}{}S$，表明共有这种灯 3 盏，玻璃灯罩，吸顶安装，每盏灯泡的功率为 40W。

(4) 标为②的灯具安装在厨房，标注为 $2\dfrac{1\times 40}{}S$，表明共有这种灯 2 盏，吸顶安装，每盏灯泡的功率为 40W。

(5) 标为③的灯具为环形荧光灯，安装在客厅，标注为 $3\dfrac{1\times 40}{}S$，表明共有这种灯 3 盏，吸顶安装，每盏灯泡的功率为 32W。

(6) 卧室照明的灯具均为单管荧光灯，链吊安装（ch），灯距地的高度为 2.2m，每盏灯的功率各不相同，有 20W、30W、40W 3 种，共 6 盏。

(7) 灯的开关均为单联单控翘板开关。

(8) WL2、WL3 支路为插座支路，共有 13 个两用插座，通常安装高度为距地 0.3m，若是空调插座则距地 1.8m。

(9) 图中标有 1 号、2 号、3 号、4 号处，应注意安装分线盒。图中楼道配电盘 E 旁有立管，里面的电线来自总盘，并送往上面各楼层及为楼梯间各灯送电。WL4、WL5、WL6 是送往右户的三条支路，其中 WL4 是照明支路。

(10) 需要注意的是，标注于同一张图样上的管线，照明及其开关的管线都由照明箱引出后上翻至该层顶板上敷设安装，并由顶板再引下至开关上；而插座的管线都是由照明箱引出后下翻至该层地板上敷设安装，并由地板上翻至插座上，只有从照明回路引出的插座才从顶板上引下至插座处。按照现在的要求，照明和插座平面图要分别绘制，不得放在同一张图样上，这里只是为了节省版面，放在一起讲解识图方法，真正绘制时要分开进行绘制。

3 识读动力与照明工程图

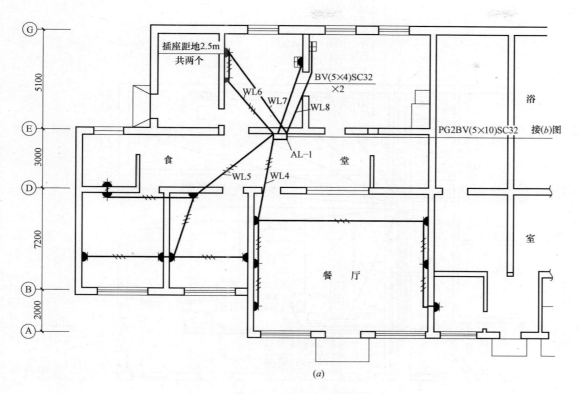

图 3-15 某小型锅炉房动力平面图（一）
(a) 生活区动力

【例 3-5】 识读某小型锅炉房动力平面图。

图 3-15 为某小型锅炉房动力平面图，从图中可以看出：

(1) AP-1、AP-2、AP-3 三台柜设在控制室内，落地安装，电源 BX（3×70+1×35）穿直径 80mm 的钢管，埋地经锅炉房由室外引来，引入 AP-1。同时，在引入点处⑬轴设置了接线盒，如图 3-15 (b) 所示。

(2) 两台循环泵、每台锅炉的引风机、鼓风机、除渣机、炉排机、上煤机 5 台电动机的负荷管线均由控制室的 AP-1 埋地引出至电动机接线盒处，导线规格、根数、管径见图中标注。其中有三根管线在⑫轴设置了接线盒，如图 3-15 (b) 所示。

(3) 循环泵房、锅炉房引风机室设按钮箱各一个，分别控制循环泵及引风机、鼓风机，标高 1.2m，墙上明装。其控制管线也由 AP-1 埋地引出，控制线为 $1.5mm^2$ 塑料绝缘铜线，穿管直径 15mm。按钮箱的箱门布置，如图 3-15 (c) 所示。

（4）AP-4 动力箱暗装于立式小锅炉房的墙上，距地 1.4m，电源管由 AP-1 埋地引入。立式 0.37kW 泵的负荷管由 AP-4 箱埋地引至电动机接线盒处。

（5）AL-1 照明箱暗装于食堂Ⓔ轴的墙上，距地 1.4m，电源 BV（5×10）穿直径 32mm 钢管埋地经浴室由 AP-1 引来，并且在图中标出了各种插座的安装位置，均为暗装，除注明标高外，均为 0.3m 标高，管路全部埋地上翻至元件处。

（6）接地极采用 ϕ25mm×2500mm 镀锌圆钢，接地母线采用 40mm×4mm 镀锌扁钢，埋设于锅炉房前侧并经⑫轴埋地引入控制室于柜体上。

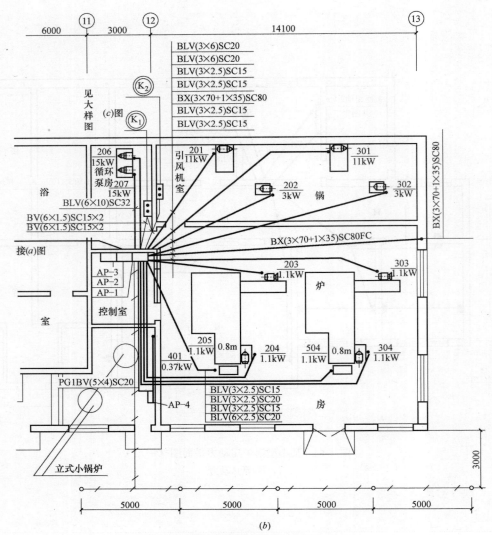

图 3-15 某小型锅炉房动力平面图（二）
(b) 锅炉房动力

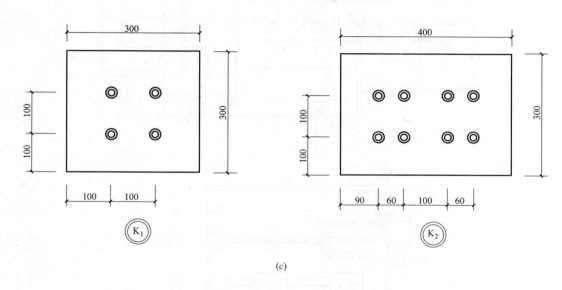

图 3-15 某小型锅炉房动力平面图（三）
(c) 按钮箱门大样图

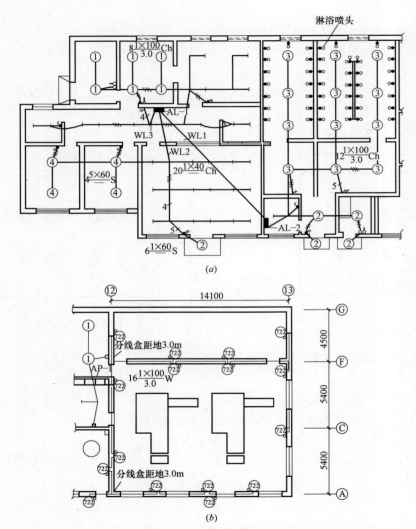

【例 3-6】 识读某小型锅炉房照明平面图。

图 3-16 为某小型锅炉房照明平面图,从图中可以看出:

(1) 锅炉房采用弯灯照明,管路由 AP-1 埋地引至⑫轴 3m 标高处沿墙暗设,灯头单独由拉线电门控制。该回路还包括循环泵房、控制室及小型立炉室的照明。

(2) 食堂的照明均由 AL-1 引出,共分三路,其中一路 WL1 是浴室照明箱 AL-2 的电源。浴室采用防水灯。

图 3-16 某小型锅炉房照明平面图
(a) 生活区照明;(b) 锅炉房照明

4 识读送电线路工程图

4.1 识读架空线路平面图与断面图

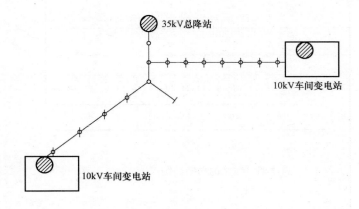

图 4-1 10kV 架空线路平面图

1. 电力架空线路平面图

表示电杆、导线在地面上的走向与布置的图纸即为架空线路平面图。在平面图中用实线表示导线。

架空线路平面图应能清楚地表现线路的走向、电杆的位置、挡距以及耐张段等情况,是架空线路施工不可缺少的图纸。10kV 架空线路平面图如图 4-1 所示。

阅读架空线路平面图,通常应明确以下几方面的内容:

(1) 采用的导线型号、规格和截面。
(2) 跨越的电力线路(如低压线路)和公路的情况。
(3) 掌握杆型情况,共有多少电杆和电杆类型。
(4) 计算出线路的分段与挡位。
(5) 至变电所终端杆的有关做法。
(6) 了解线路共有拉线多少根,拉线有 45°拉线、水平拉线及高桩拉线等。

2. 高压架空线路断面图

对于10kV及以下的配电架空线路，其线路经过的地段一般不会太复杂，只要一张平面图即可满足施工的要求。但对35kV以上的线路，特别是穿越高山江河地段的架空线路，应有其平面图及纵向断面图。

架空线路的纵向断面图是沿线路中心线的剖面图。通过纵向断面图可看出线路经过地段的地形断面情况；各杆位间地平面相对高差；导线对地距离，弛度及交叉跨越的立面情况。

35kV以下的线路，为了使图面更加紧凑，常将平面图与纵向断面图合为一体。此时的平面图是沿线路中心线的展开平面图。将平面图和断面图结合起来的图称为平断面图，如图4-2所示。此图的上部分为断面图；中间部分为平面图；下部分是线路的有关数据，标注里程与挡距等有关数据，是对平面图及断面图的补充与说明。

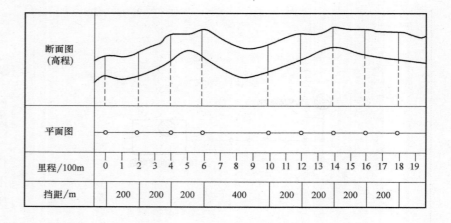

图4-2 高压架空线路的平断面图

4 识读送电线路工程图

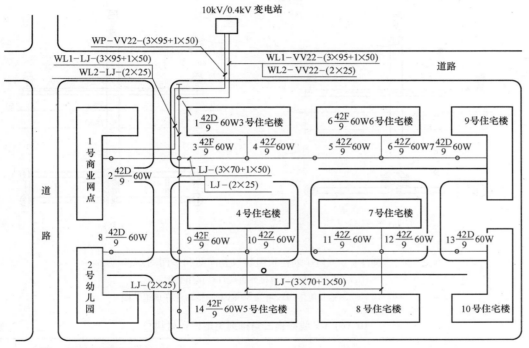

图 4-3 某生活区供电线路平面图

【例 4-1】 识读某生活区供电线路平面图。

图 4-3 为某生活区供电线路平面图，从图中可以看出：

（1）1 号楼为商业网点，2 号楼为幼儿园，3~10 号楼为住宅楼。

（2）供电电源引自 10kV/0.4kV 变电站，用电力电缆线路引出。

（3）商业网点电源回路为 WP-VV22-(3×95+1×50) 电缆，由变电站直接敷设到位。

（4）WL1-VV22-(3×95+1×50) 电缆，为各用户的照明电力电缆，引至 1 号杆时改为架空敷设，采用 LJ-(3×70+1×50) 铝绞线。送至 3 号电线杆后，改用 LJ-(3×70+1×50) 铝绞线将电能送至各分干线，接户线采用 LJ-(3×35+1×16) 铝绞线。

（5）WL2-VV22-2×25 为路灯照明电力电缆，到 1 号电线杆后，改用 LJ-2×25 铝绞线。电线杆型分别为 42Z（直线杆），42F（分支杆），42D（终端杆），杆高为 9m，路灯为 60W 灯泡。

4.2 识读高压架空线路施工组装图

架空线路施工时，为了方便施工，一般在地面上将电杆顶部全部组装完毕，再整体立杆。10kV（或 6kV）高压配电线路单回路的排列方式有三角、水平两种，双回路的排列方式有三角加水平、水平加水平及垂直三种，在架设施工时，要避免 10kV（或 6kV）高压配电线路三回路同杆架设。

1. 单回三角排列杆顶组装

如图 4-4 所示为单回三角排列组装图，其中图 4-4（a）是直线杆杆顶组装图，其定型设计材料见表 4-1。三角排列所具有的优点是能用较短的横担获得较大的线间距离，可以加大挡距、减少混线事故；其缺点是它比水平排列需要较长的电杆。但电杆长度通常都有裕度，影响不大。三角排列是单回线中用得比较多的一种排列方式。三角排列转角为 30°以下的转角杆的杆顶组装图如图 4-4（b）所示，用双横担支持铁拉板，耐张绝缘子串用高压悬式加高压蝶式绝缘子。

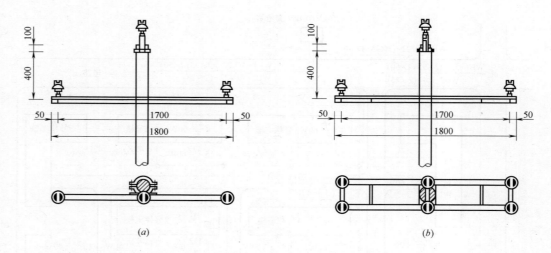

图 4-4 三角排列杆顶组装（立面图和平面图）
(a) 10 (6) kV 三角排列直线杆杆顶组装图；
(b) 10 (6) kV 三角排列转角为 30°以下的转角杆杆顶组装图

10 (6) kV 线路扁三角排列定型设计材料 表 4-1

序号	名称	单位	数量	序号	名称	单位	数量
1	圆水泥杆	根	1	6	高压针式绝缘子	个	3
2	头铁(包括附件)	副	1	7	U 形抱箍带帽垫	个	1
3	高压二线铁横担	根	1	8	弹簧垫圈(ϕ16mm)	个	2
4	横担抱铁	块	1	9	弹簧垫圈(ϕ20mm)	个	3
5	铁垫	块	2				

4 识读送电线路工程图

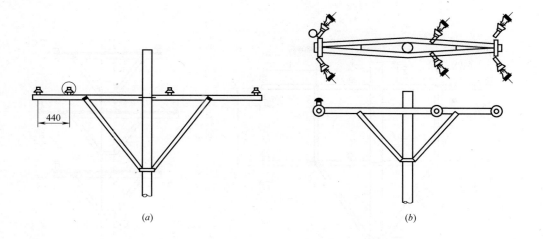

图 4-5 10（6）kV 单回水平排列杆顶组装（平面图和立面图）
(a) 10（6）kV 单回水平排列直线杆杆顶组装图；
(b) 10（6）kV 单回水平排列 35°转角杆的杆顶组装图

10（6）kV 线路单回水平排列直线杆定型设计材料　　　　表 4-2

序号	名称	单位	数量	序号	名称	单位	数量
1	圆水泥杆	根	1	8	镀锌铁螺栓（M16×50）(mm×mm)	根	1
2	高压终端铁横担	副	1	9	双合圆抱箍带附件	副	6
3	高压针式绝缘子	个	2	10	镀锌铁螺栓（M16×4）(mm×mm)	根	6
4	高压悬式绝缘子	片	6	11	镀锌铁螺栓（M16×255）(mm×mm)	根	2
5	高压蝶式绝缘子	个	6	12	弹簧垫圈（ϕ16mm）	个	2
6	大曲挂板	副	4	13	弹簧垫圈（ϕ20mm）	个	2
7	支持铁拉板	块	16				

2. 单回水平排列杆顶组装

水平排列的优点是节约杆高，但是为了满足线间距离的要求，需要采用较长的横担，而由于扭矩增加、施工不便，横担又不能过长，所以使线间距离、电杆挡距受到一定的限制，通常来说市区采用的较多。10（6）kV 单回水平排列直线杆杆顶组装图如图 4-5（a）所示，单回水平排列直线杆定型设计材料见表 4-2，单回水平排列转角杆杆顶组装图如图 4-5（b）所示。

3. 双回排列直线杆杆顶组装

因市区线路走廊困难，10(6)kV 线路常常需要同杆架设，再加上市区线路高低压一般同杆架设，挡距不能太大，所以采用双回排列的较多。如图 4-6（a）所示是它的杆头布置，表 4-3 是它的定型设计材料。有些地方高压配电线路采用 15m 水泥杆，线大多用垂直排列。垂直排列的优点是线间距离比较大，转角与分支方便，布置简单利落，混线事故少；其缺点是需要较高的电杆。双回垂直排列直线杆顶组装图如图 4-6（b）所示。

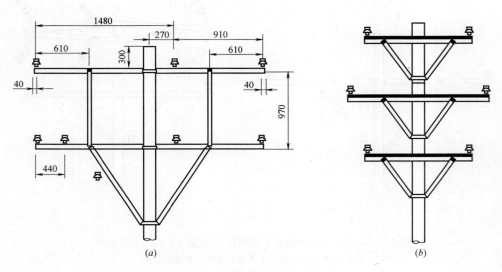

图 4-6 双回排列直线杆杆顶组装

(a) 双回水平排列直线杆杆顶组装图；(b) 双回垂直排列直线杆杆顶组装图

10（6）kV 双回水平排列定型设计材料　　　　表 4-3

序号	名称	单位	数量	序号	名称	单位	数量
1	圆水泥杆	根	1	7	支持铁拉板	块	4
2	高压四线铁横担	根	2	8	镀锌铁螺栓	根	4
3	横担抱铁	块	2	9	双合圆抱箍带附件	副	1
4	铁垫	块	4	10	弹簧垫圈（$\phi 16mm$）	个	6
5	高压针式绝缘子	个	6	11	弹簧垫圈（$\phi 20mm$）	个	6
6	U 形抱箍带帽垫	个	2				

4 识读送电线路工程图

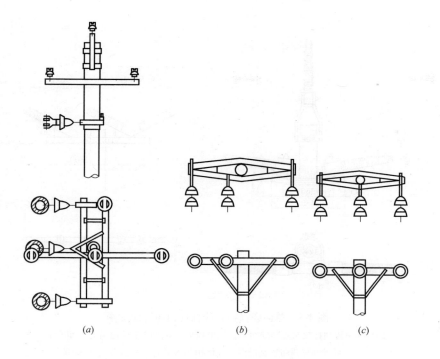

图 4-7 分支杆及终端杆杆顶布置图（立面图和平面图）
(a) 单回三角排列分支杆杆顶布置图；
(b) 单回三角排列终端杆杆顶布置图；(c) 单回水平排列终端杆杆顶布置图

4. 分支杆及终端杆杆顶布置

分支杆的主干线方向按照直线杆考虑，分支杆分支方向按照水平排列终端杆考虑。单回三角排列分支杆的杆顶布置图如图 4-7（a）所示。终端杆通常采用终端铁横担加支持铁拉板，三角排列用 2000mm 长的终端铁横担和 750mm 长的支持铁拉板。单回三角排列和单回水平排列终端杆的杆顶布置图如图 4-7（b）、图 4-7（c）所示。耐张绝缘子串用槽形连接高压悬式绝缘子两片组成。三角排列的定型设计材料表 4-4，如果是水平排列，将终端铁横担和支持铁拉板的规范改一下即可。

10 (6) kV 单回三角排列终端杆定型设计材料　　　表 4-4

序号	名称	单位	数量	序号	名称	单位	数量
1	圆水泥杆	根	1	6	支持铁拉板	块	4
2	高压终端铁横担	副	1	7	镀锌铁螺栓(M16×50)(mm×mm)	根	12
3	高压针式绝缘子	片	6	8	双合圆抱箍带附件	副	1
4	直角挂板	块	3	9	弹簧垫圈(ϕ16)(mm)	个	2
5	平行挂板	副	3				

5. 瓷横担架空线路

6～10kV 瓷横担单回配电线路的杆顶布置通常包括三角和水平两种，双回较为常见的是三角加水平、垂直两种。

（1）单回三角排列杆顶布置：三角排列时顶相装于头铁上，边相装于500mm左右长的元宝形铁横担上，与水平方向成10°左右的仰角。如图 4-8（a）所示是它的装配图，定型设计材料表见表 4-5。

（2）单回水平排列杆顶布置：水平排列时三个边相瓷横担都装于铁横担上，横担的长度1500mm，瓷横担与水平方向成30°左右的仰角。如图 4-8（b）所示为单回水平排列的杆顶布置装配图。

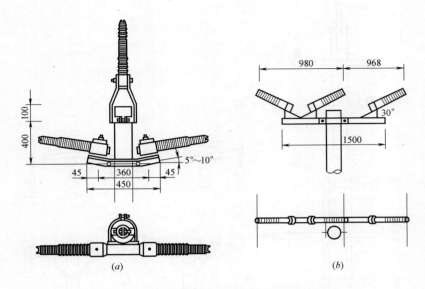

图 4-8　单回瓷横担直线杆杆顶布置装配图
(a) 三角排列杆顶布置装配图，瓷横担和水平方向成5°～10°左右的仰角；
(b) 水平排列杆顶布置装配图，瓷横担和水平方向成30°左右的仰角

10（6）kV 单回瓷横担三角排列杆顶布置定型设计材料　　表 4-5

序号	名称	单位	数量	序号	名称	单位	数量
1	圆水泥杆	根	1	7	顶相10kV 瓷横担(CD10-5)	根	1
2	头铁	副	1	8	顶相10kV 瓷横担(CD10-3)	根	2
3	高压二线元宝铁横担	根	1	9	瓷横担销钉($\phi 6\times30$)(mm×mm)	只	3
4	横担抱铁	块	1	10	镀锌铁螺栓(M16×40)(mm×mm)	根	3
5	铁垫	块	2	11	弹簧垫圈($\phi 16$mm)	个	5
6	U形抱箍带帽垫	个	2				

4 识读送电线路工程图

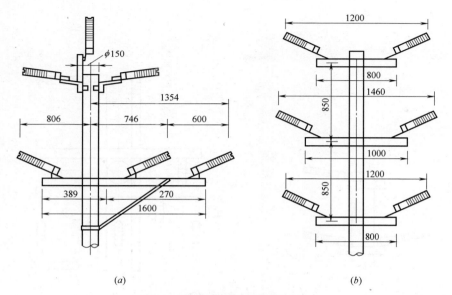

图 4-9 双回瓷横担杆顶布置图
(a) 三角加水平排列杆顶布置图；(b) 垂直排列杆顶布置图

（3）双回三角加水平排列杆顶布置：三角加水平排列，为了上下方便，加水平排列用的铁横担改用1600mm的偏横担，加4mm×40mm×1020mm支持铁拉板。三角加水平排列杆顶布置图如图4-9（a）所示。其定型设计材料见表4-6。

（4）双回瓷横担垂直排列：安装时，与水平形成一定夹角。垂直排列时一般采用800mm和1000mm长的铁横担。如图4-9（b）所示是双回瓷横担垂直排列杆顶布置图。

10（6）kV双回三角加水平排列杆顶布置定型设计材料　　表 4-6

序号	名称	单位	数量	序号	名称	单位	数量
1	圆水泥杆	根	1	9	瓷横担销钉($\phi6\times30$)(mm×mm)	只	6
2	头铁	副	1	10	瓷横担支座	个	3
3	高压二线元宝铁横担	根	1	11	镀锌铁螺栓(M16×40)(mm×mm)	根	12
4	横担抱铁	块	1	12	支持铁拉板	块	1
5	铁垫	块	2	13	镀锌铁螺栓(M16×50)(mm×mm)	根	1
6	U形抱箍带帽垫	个	1	14	双合圆抱箍带附件	副	1
7	顶相10kV瓷横担(CD10-5)	根	1	15	弹簧垫圈($\phi16$mm)	个	10
8	顶相10kV瓷横担(CD10-3)	根	5				

(5) 瓷横担转角杆、分支杆及耐张杆：45°以下单回线的转角杆通常都采用双边相瓷横担，一相装在上面两根 500mm 长元宝铁横担上。铁横担也和转角杆一样，用两根螺栓对穿固定在圆水泥杆上，如图 4-10 (a) 所示。

(6) 瓷横担分支杆：分支杆主杆方向按直线杆考虑，分支方向按终端杆考虑，用 2000mm 或 1600mm 双铁横担用镀锌铁螺栓对穿固定。

(7) 46°~90°转角杆：46°~90°转角杆都改用瓷拉棒。瓷拉棒用直径 12mm 的 U 形挂环挂在铁横担上用线卡子固定导线，用铝并钩线夹连接铝跳线，用边相瓷横担固定最外圈的跳线，铁横担长 2000mm 或 1600mm。46°~90°单回线瓷横担转角杆顶布置示意图如图 4-10 (b) 所示。

(8) 瓷横担耐张杆：均采用瓷拉棒，另用一根边相瓷横担固定顶线或中线的跳线。三角排列时，顶相的瓷拉棒通过两眼拉板用螺栓固定在焊有边相瓷横担铁支架的双合网抱箍上，两个边相的瓷拉棒用 U 形挂环固定于 1000mm 或 1500mm 的铁横担上。

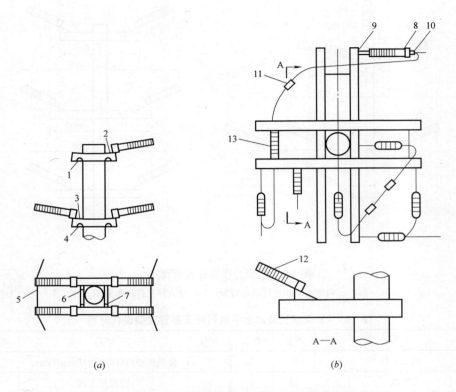

图 4-10　瓷横担转角杆杆顶布置瓷横担
(a) 45°以下单回线瓷横担转角杆杆顶布置；(b) 46°~90°单回线瓷横担转角杆杆顶布置
1—元宝横担；2—M16×40 镀锌铁螺栓；3—ϕ6×30 瓷横担销钉；4—弹簧垫圈；5—铝带包；
6—横担抱铁；7—M16×280 镀锌铁螺栓；8—SL10 型 10kV 瓷拉棒；9—U 形挂环；
10—线卡子；11—铝并钩线夹；12—边相 10kV 瓷横担；13—镀锌铁螺栓

4 识读送电线路工程图

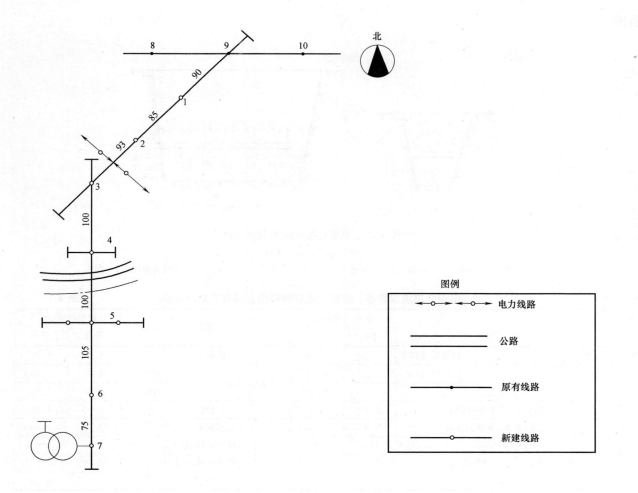

图 4-11 10kV 高压架空电力线路工程平面图

【例 4-2】 识读 10kV 高压架空电力线路平面图。

图 4-11 为 10kV 高压架空电力线路工程平面图,从图中可以看出:

(1) 自 1 号杆到 7 号杆,7 号杆处装有一台变压器 T。

(2) 8 号、9 号、10 号为原有线路图,从 9 号杆分支出一条新线路。

(3) 数字 90、85、93 等是电杆间距(单位为 m)。

4.3 识读电力电缆线路工程平面图

电力电缆线路工程图是表示电缆敷设、安装、连接的具体方法及工艺要求的简图，一般用平面布置图表示。

1. 电缆直接埋地敷设

电缆直接埋地敷设是指将电力电缆或控制电缆直接埋设于地下的土层中，并在电缆周围采取相应的措施对电缆进行保护。当沿同一路径敷设的室外电缆根数为 8 根及以下，且场地有条件时，电缆应采用直接埋地敷设。但采用直埋敷设时要避开含有酸、碱强腐蚀或杂散电流化学腐蚀严重影响地段。电缆直接埋地敷设的做法，如图 4-12 所示。

电力电缆埋入深度通常为电缆外皮至地面不小于 0.7m，农田中不小于 1m，电缆外皮至地下构筑物的基础不小于 0.3m。直埋敷设于冻土地区时，应埋入冻土层以下，当无法深埋时，可在土壤排水性好的干燥冻土层（或回填土）中埋设，还可采取其他防止电缆受到损伤的措施。直埋敷设的电缆不得位于地下管的正上方或下方。电缆与电缆或管道、道路及构筑物等相互间容许的最小距离，应符合表 4-7 的要求。

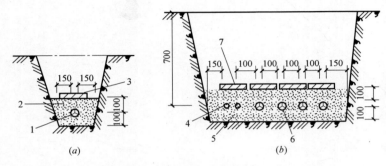

图 4-12 电缆直接埋地敷设示意图

(a) 单根电缆；(b) 多根电缆

1—电缆；2—细砂；3—盖板；4—控制电缆；5—细土或砂层；6—10kV 及以下电力电缆；7—盖板

电缆与电缆或管道、道路、建筑物等相互间容许最小距离　　　表 4-7

项目		最小净距(m)		项目		最小净距(m)	
		平行	交叉			平行	交叉
电力电缆间及其与控制电缆间	10kV 及以下	0.10	0.50	铁路路轨		3.00	1.00
	10kV 以上	0.25	0.50	电气化铁路路轨	交流	3.00	1.00
控制电缆间		—	0.50		直流	10.0	1.00
不同使用部门的电缆间		0.50	0.50	公路		1.50	1.00
热管道(管沟)及热力设备		2.00	0.50	城市街道路面		1.00	0.70
油管道(管沟)		1.00	0.50	杆基础(边线)		1.00	
可燃气体及易燃液体管道(管沟)		1.00	0.50	建筑物基础(边线)		0.60	—
其他管道(管沟)		0.50	0.50	排水沟		1.00	0.50

注：1. 电缆与公路平行的净距，当情况特殊时可酌减。
　　2. 当电缆穿管或者其他管道有保温层等防护设施时，表中净距应从管壁或防护设施的外壁算起。

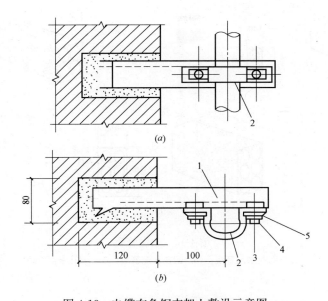

图 4-13 电缆在角钢支架上敷设示意图
(a) 垂直敷设；(b) 水平敷设
1—角钢支架；2—夹头（卡子）；3—六角螺栓；4—六角螺母；5—垫圈

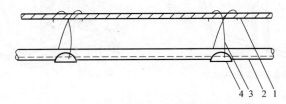

图 4-14 电缆在钢索上悬挂敷设示意图
1—钢索；2—电缆；3—钢索挂钩；4—铁托片

2. 电缆支架明敷设

电缆支架明敷设是将电缆直接敷设于支架上，或使用钢索悬挂或用挂钩悬挂，分别如图 4-13 和图 4-14 所示。

3. 电缆排管敷设

电缆排管敷设即按照一定的孔数和排列预制好的水泥管块（图4-15），再用水泥砂浆浇筑成一个整体，然后将电缆穿入管中，如图4-16所示。这种敷设方式一般适用于电缆数量不多，但道路交叉较多、路径拥挤，且不得采用直埋或电缆沟敷设的地段。电缆排管可采用钢管、石棉水泥管、硬质聚氯乙烯管及混凝土管等。

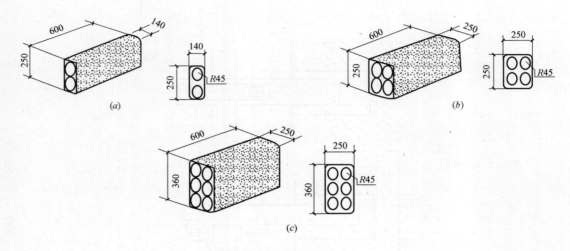

图 4-15 水泥管块
(a) 两孔水泥管块；(b) 四孔水泥管块；(c) 六孔水泥管块

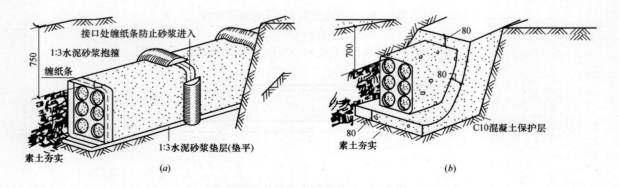

图 4-16 电缆排管敷设示意图
(a) 做素土垫层，铺 1∶3 水泥砂浆垫层；(b) 用 C10 混凝土做 80mm 厚的保护层

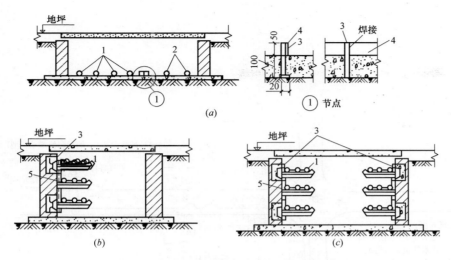

图 4-17 电缆在电缆沟（隧道）内敷设示意图
（a）无支架；（b）单侧支架；（c）双侧支架
1—电力电缆；2—控制电缆；3—接地线；4—接地线支持件；5—支架

4. 电缆在电缆沟或隧道敷设

电力电缆在电缆沟或电缆隧道内进行敷设，电缆沟设于地面下，由砖砌成或由混凝土浇筑而成，沟顶部用钢筋混凝土盖板盖住。电缆隧道和电缆沟内应装有电缆支架，电缆支架分为单侧和双侧两种布置方式，如图 4-17 所示。支架层间垂直距离及通道宽度应符合表 4-8 的规定，支架间或固定点间的距离应符合表 4-9 的要求。

支架层间垂直距离和通道宽度的最小距离（m）　　表 4-8

名称	敷设条件	电缆隧道（净高 1.90）	电缆沟	
			沟深 0.60 以下	沟深 0.60 及以上
通道宽度	两侧设支架	1.00	0.30	0.50
	一侧设支架	0.90	0.30	0.45
支架层间垂直距离	电力电缆	0.20	0.15	0.15
	控制电缆	0.12	0.10	0.10

电缆支架间或固定点间的最大距离（m）　　表 4-9

敷设方式	电缆种类	塑料护套、铝包、铅包钢带铠装		钢丝铠装
		电力电缆	控制电缆	
水平敷设		1.00	0.80	3.00
垂直敷设		1.50	1.00	6.00

【例 4-3】 识读 10kV 电力电缆线路平面图。

图 4-18 为某 10kV 电力电缆线路工程平面图，从图中可以看出：

(1) 电缆采用直接埋地敷设。

(2) 电缆从 1 号电杆下，穿过道路沿路南侧进行敷设，到××大街转向南，沿街东侧进行敷设，终点为××造纸厂，在××造纸厂处穿过大街，按要求在穿过道路的位置作混凝土管保护。

(3) A—A 剖面是整条电缆埋地敷设的情况，采用铺沙子盖保护板的敷设方法，剖切位置在图中 1 号位置右侧。

(4) B—B 剖面是电缆穿过道路时加保护管的情况，剖切位置在 1 号杆下方路面上。

(5) 电缆横穿道路时使用的是 ϕ120mm 的混凝土保护管，每段管长 6m。

(6) 电缆起点处及左下角电缆终点处各有一根保护管。

(7) 电缆全长为 138.1m，其中包含了在电缆两端和电缆中间接头处必须预留的松弛长度。

(8) 1 号位置为电缆中间接头位置，1 号点向右直线长度 4.5m 内做了一段弧线，这里应有松弛量 0.5m，这个松弛量是为了如果将来此处电缆头损坏修复时所需要的长度。向右直线段 $30+8=38$(m)；转向穿过公路，路宽 $2+6=8$(m)，电杆距路边 $1.5+1.5=3$(m)，这里有两段松弛量共 2m（两段弧线）。电缆终端头距地面为 9m。电缆敷设时距路边 0.6m，这段电缆总长度为 65.6m。

(9) 从 1 号位置向左 5m 内做一段弧线，松弛量 1m。再向左经 11.5m 直线段进入转弯向下，弯长 8m。向下直线段 $13+12+2=27$(m) 后，穿过大街，街宽为 9m。造纸厂距路边为 5m，留有 2m 松弛量，进厂后到终端头长度为 4m。这一段电缆总长为 72.5m，电缆敷设距路边的 0.9m 与穿过道路的斜向增加长度相抵不再计算。

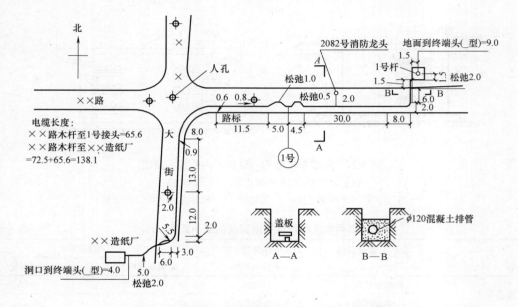

图 4-18 某 10kV 电力电缆线路工程平面图（单位：m）

5 识读建筑防雷与接地工程图

5.1 识读建筑防雷电气工程图

为了保证人畜和建筑物的安全，需要装设防雷装置。建筑物的防雷装置一般由接闪器、引下线和接地装置三部分组成。其作用原理是将雷电引向自身并安全导入地中，从而被保护的建筑物免遭雷击。

1. 接闪器

接闪器是直接接受雷击的部分，它能将空中的雷云电荷接收并引下大地。接闪器一般由避雷针、避雷带、避雷网，以及用作接闪的金属屋面和金属构件等。

（1）避雷针：避雷针是最常见的防雷设备之一。避雷针是附设在建筑物顶部或独立装设在地面上的针状金属杆，如图 5-1～图 5-3 所示。

避雷针主要适用于保护细高的建筑物和构筑物，如烟囱和水塔等，或用来保护建筑物顶面上的附加突出物，如天线、冷却塔等。对较低矮的建筑和地下建筑及设备，要使用独立避雷针，独立避雷针按要求用圆钢焊制铁塔架，顶端装避雷针体。避雷针在地面上的保护半径约为避雷针高度的 1.5 倍。工程上经常采用多支避雷针，其保护范围是几个单支避雷针保护范围的叠加。

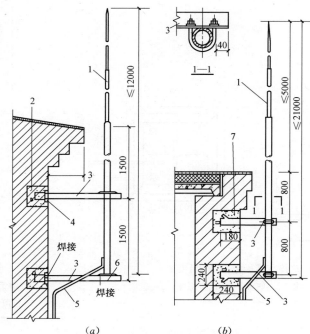

图 5-1 安装在建筑物墙上的避雷针
(a) 在侧墙；(b) 在山墙
1—接闪器；2—钢筋混凝土梁；3—支架；4—预埋铁板；
5—接地引下线；6—支持板；7—预制混凝土块

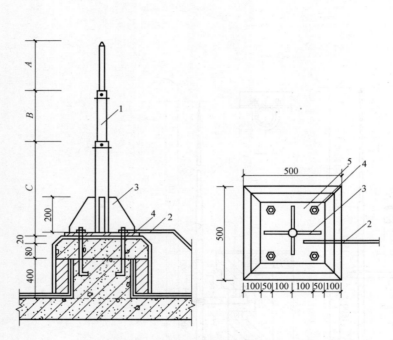

图 5-2 安装在屋面上的避雷针
1—避雷针；2—引下线；3—筋板；4—地脚螺栓；5—底板

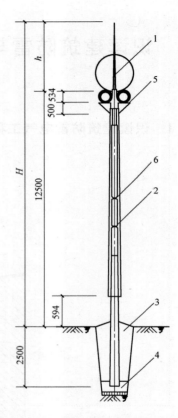

图 5-3 钢筋混凝土环形杆独立避雷针
1—避雷针；2—钢筋混凝土环形电杆；
3—混凝土浇灌层；4—钢筋混凝土杯形
基础；5—照明台；6—爬梯

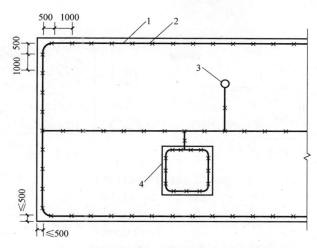

图 5-4 安装在挑檐板上的避雷带平面示意图
1—避雷带；2—支架；3—凸出屋面的金属管道；4—建筑物凸出物

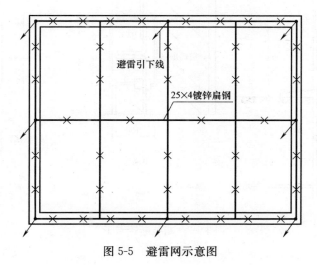

图 5-5 避雷网示意图

（2）避雷带：避雷带是沿着建筑物的屋脊、屋檐、屋角及女儿墙等易受雷击部位暗敷设的带状金属线。避雷带应采用镀锌圆钢或扁钢制成。镀锌圆钢直径为 12mm；镀锌扁钢 25×4 或 40×4。在使用前，应对圆钢或扁钢进行调直加工，对调直的圆钢或扁钢，顺直沿支座或支架的路径进行敷设，如图 5-4 所示。

（3）避雷网：避雷网是在较重要的建筑物上和面积较大的屋面上，纵横敷设金属线组合成矩形平面网格，或以建筑物外形构成一个整体较密的金属大网笼，实行较全面的保护，如图 5-5 所示。

2. 引下线

引下线是连接接闪器与接地装置的金属导体。引下线的作用是把接闪器上的雷电流连接到接地装置并引入大地。

根据建筑物防雷等级不同，防雷引下线的设置也不相同。一级防雷建筑物专设引下线时，其根数不应少于两根，间距不应大于18m；二级防雷建筑物引下线的数量不应少于两根，间距不应大于20m；三级防雷建筑物，为防雷装置专设引下线时，其引下线数量不宜少于两根，间距不应大于25m。

当确定引下线的位置后，明装引下线支持卡子应随着建筑物主体施工预埋。支持卡子的做法如图5-6所示。一般在距室外护坡2m高处，预埋第一个支持卡子，然后将圆钢或扁钢固定在支持卡子上，作为引下线。随着主体工程施工，在距第一个卡子正上方1.5~2m处，用线坠吊直第一个卡子的中心点，埋设第二个卡子，依此向上逐个埋设，其间距应均匀相等。支持卡子露出长度应一致，突出建筑外墙装饰面15mm以上。

利用混凝土内钢筋或钢柱作为引下线，同时利用其基础作接地体时，应在室内外的适当位置距地面0.3m以上从引下线上焊接出测试连接板，供测量、接人工接地体和等电位联结用。当仅利用混凝土内钢筋作为引下线并采用埋于土壤中的人工接地体时，应在每根引下线上距地面不低于0.3m处设暗装断接卡，其上端应与引下线主筋焊接。如图5-7所示。

3. 接地装置

将接闪器与大地做良好的电气连接的装置就是接地装置。它可以将雷电流尽快地疏散到大地之中，接地装置包括接地体和接地线两部分，接地体既可利用建筑物的基础钢筋，也可使用金属材料进行人工敷设。一般垂直埋设的人工接地体多采用镀锌扁钢及圆钢，圆钢及钢管水平埋设的接地体多采用镀锌扁钢及圆钢。

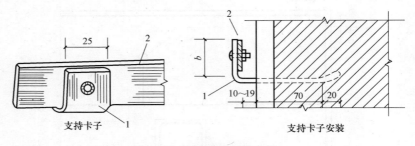

图5-6 接地干线支持卡子

1—支持卡子；2—接地干线

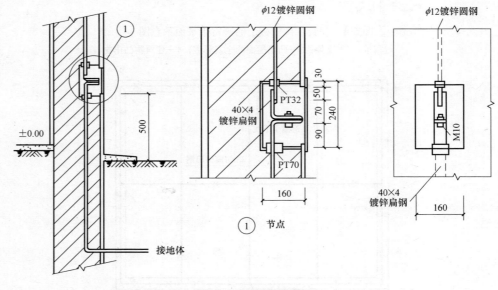

图5-7 暗装断接卡子

5 识读建筑防雷与接地工程图

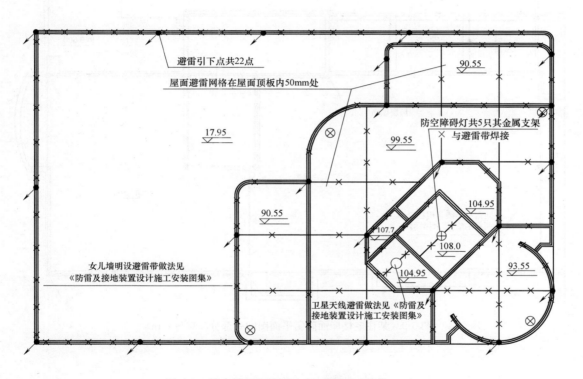

图 5-8 某大楼屋面防雷电气工程图（单位：m）

【例 5-1】 识读某大楼屋面防雷电气工程图。

图 5-8 为某大楼屋面防雷电气工程图，从图中可以看出：

（1）图中建筑物为一级防雷保护，在屋顶水箱及女儿墙上敷设避雷带（25×4 镀锌扁钢），局部加设避雷网格以防止直击雷。图中不同的标高说明不同的屋面有高差存在，在不同标高处用 25×4 镀锌扁钢与避雷带相连。图中避雷带上的交叉符号表示的是避雷带与女儿墙间的安装支柱位置。在建筑施工图上，通常不标注安装支架的具体位置尺寸，只在相关的设计说明中标出安装支柱的间距。安装支柱距离一般为 1m，转角处的安装支柱距离为 0.5m。

（2）屋面上所有金属构件都要与接地体可靠连接，5 个航空障碍灯及卫星天线的金属支架都要可靠接地。屋面避雷网格在屋面顶板内 50mm 处安装。

（3）大楼避雷引下线共有 22 条，图中一般以带方向为斜下方的箭头及实圆点来表示。实际工程是利用柱子中的两根主筋作为避雷引下线，作为引下线的主筋应可靠焊接。

（4）大楼每三层要沿建筑物四周在结构圈梁内敷设一条 25mm×4mm 的镀锌扁钢或利用结构内的主筋焊接构成均压环。所有引下线都与建筑物内的均压环相连。30m 以上所有的金属栏杆、金属门窗都要与防雷系统可靠连接，以防侧击雷的破坏。

【例 5-2】 识读某住宅楼屋面防雷平面图。

图 5-9 为某住宅楼屋面防雷平面图的一部分，从图中可以看出：

（1）在不同标高的女儿墙及电梯机房的屋檐等易受雷击部位，均设置了避雷带。

（2）两根主筋作为避雷引下线，避雷引下线应进行可靠焊接。

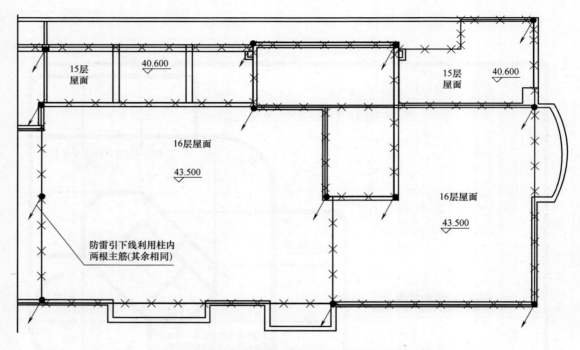

图 5-9 某住宅楼屋面防雷平面图的一部分（单位：m）

5.2 识读建筑接地电气工程图

接地是保证用电设备正常运行和人身安全采取的技术措施。接地处理的正确与否，对防止人身遭受电击、减少财产损失和保障电力系统、信息系统的正常运行有重要的作用。

1. 接地的类型

电气设备或其他设置的某一部位，通过金属导体与大地的良好接触称为接地。用电设备的接地按其不同的作用，可分保护接地、接零和工作接地。

（1）保护接地：电气设备的金属外壳，由于绝缘损坏有可能带电，为防止这种电压危及人身安全的接地，称为保护接地，如图5-10所示。

保护接地适用于中性点不接地的低压电网。由于接地装置的接地电阻很小，绝缘击穿后用电设备的熔体就熔断。即使不立即熔断，也使电气设备的外壳对地电压大大降低，人体与带电外壳接触，不致发生触电事故。

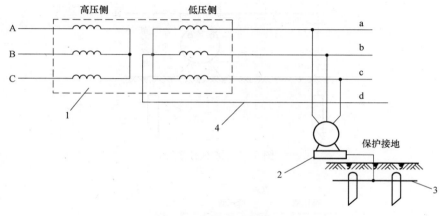

图 5-10 保护接地示意图
1—变压器；2—电机；3—接地装置；4—中性线

（2）接零：将电气设备的金属外壳与中性点直接接地的系统中的零线相连接，称为接零，如图 5-11 所示。在低压电网中，零线除应在电源（发电机或变压器）的中性点进行工作接地以外，还应在零线的其他地方进行三点以上的接地，这种接地称为重复接地，接零既可以从零线上直接接地，也可以从接零设备外壳上接地。

（3）工作接地：为保证电力设备和设备达到正常工作要求而进行的接地，称为工作接地，如图 5-12 所示。

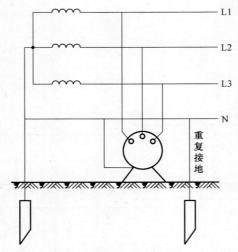

图 5-11　接零示意图

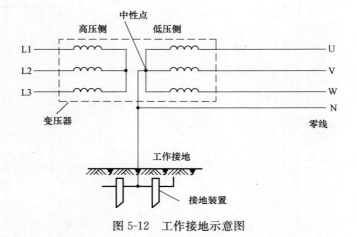

图 5-12　工作接地示意图

2. 接地装置

接地装置是接地体和接地线的总称，如图 5-13 所示。

（1）接地体：接地体是与土壤紧密接触的金属导体，可以把电流导入大地。接地体分为自然接地体和人工接地体两种。

1）自然接地体。兼作接地体用的直接与大地接触的各种金属构件、金属管道及建筑物的钢筋混凝土基础等，称为自然接地体。自然接地体包括直接与大地可靠接触的各种金属构件、金属井管、金属管道和设备（通过或储存易燃易爆介质的除外）、水工构筑物、构筑物的金属桩和混凝土建筑物的基础。在建筑施工中，一般选择用混凝土建筑物的基础钢筋作为自然接地体。

2）人工接地体。人工接地体是特意埋入地下专门做接地用的金属导体。一般接地体多采用镀锌角钢或镀锌钢管制作。导体截面应符合热稳定和机械强度的要求，但不应小于表 5-1 所列规格。

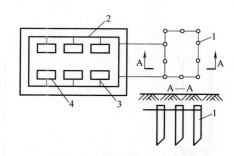

图 5-13 接地装置示意图
1—接地体；2—接地干线；3—接地支线；4—电气设备

人工接地体的最小规格　　　　　　表 5-1

种类、规格		地上		地下	
		室内	室外	交流电流回路	直流电流回路
圆钢直径(mm)		6	8	10	12
扁钢	截面(mm²)	60	100	100	100
	厚度(mm)	3	4	4	6
角钢厚度(mm)		2	2.5	4	6
钢管管壁厚度(mm)		2.5	2.5	3.5	4.5

注：电力线路杆塔的接地体引出线的截面不应小于 50mm²，引出线应热镀锌。

① 当接地体采用钢管时，应选用直径为38～50mm、壁厚不小于3.5mm的钢管。然后按设计的长度切割（一般为2.5m）。钢管打入地下的一端加工成一定的形状，如为一般松软土壤，可切成斜面形。为了避免打入时受力不均使管子歪斜，也可以加工成扁尖形；如土质很硬，可将尖端加工成锥形，如图5-14所示。

② 采用角钢时，一般选用50mm×50mm×5mm的角钢，切割长度一般也是2.5m。角钢的一端加工成尖头形状，如图5-15所示。

接地装置设计时应优先利用建筑物基础钢筋作为自然接地体，否则应单独埋设人工接地体。垂直埋设的接地体，宜采用圆钢、钢管或角钢，其长度一般为2.5m。垂直接地体之间的距离一般为5m，水平埋设的接地体宜采用扁钢或圆钢。圆钢直径不应小于10mm，扁钢截面不小于100mm²，其厚度不小于4mm；角钢厚度不小于4mm；钢管壁厚不应小于3.5mm。接地体埋设深度不宜小于0.5～0.8m，并应远离由于高温影响土壤电阻率升高的地方。在腐蚀性较强的土壤中，接地体应采取热镀锌等防腐措施或采用铅包钢或铜包钢等接地材料。

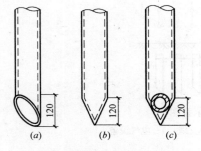

图5-14 接地钢管加工图
(a) 斜面形；(b) 扁尖形；(c) 圆锥形

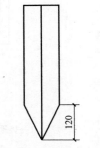

图5-15 接地角钢加工图

低压电气设备地面上外露的铜接地线的最小截面（mm²）　　表5-2

名　　称	铜
明敷的裸导体	4
绝缘导体	1.5
电缆的接地芯或与相线包在同一保护外壳内的多芯导线的接地芯	1

（2）接地线：接地线是连接被接地设备与接地体的金属导体。与设备连接的接地线可以是钢材，也可以是铜导线或铝导线。低压电气设备地面上外露的铜接地线的最小截面应符合表5-2的规定。

3. 保护接地系统方式的选择

按国际电工委员会（IEC）的规定，低压电网有 5 种接地方式，如图 5-16 所示。

第一个字母（T 或 I）表示电源中性点的对地关系。第二个字母（N 或 T）表示装置的外露导电部分的对地关系。横线后面的字母（S、C 或 C—S）表示保护线与中性线的结合情况。T—Through（通过）表示电力网的中性点（发电机、变压器的星形联结的中间结点）是直接接地系统。N—Nerutral（中性点）是指电气设备正常运行时不带电的金属外露部分与电力网的中性点采取直接的电气连接，也就是"保护接零"系统。

(1) TN 系统：

1) TN-S 系统。S—Separate（分开，指：PE 与 N 分开）即五线制系统，三根相线分别是 L1、L2、L3，一根中性线 N，一根保护线 PE，只有电力系统中性点一点接地，用电设备的外露可导电部分直接接于 PE 线上，如图 5-17 所示。

TN-S 系统中的 PE 线上在正常运行时无电流，电气设备的外露可导电部分无对地电压，当电气设备发生漏电（或接地故障）时，PE 线中有电流通过，使保护装置迅速动作，切断故障，保证了操作人员的安全。通常规定：PE 线不得断线和进入开关。N 线（工作零线）在接有单相负载时，可能有不平衡电流。

TN-S 系统适用于工业、民用建筑等低压供电系统，也是目前我国在低压系统中普遍采用的接地方式。

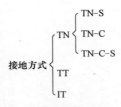

图 5-16 接地方式

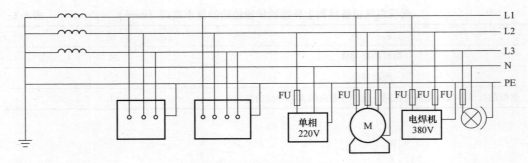

图 5-17 TN-S 系统的接地方式

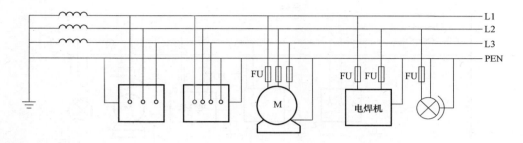

图 5-18 TN-C 系统的接地方式

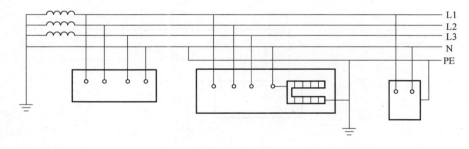

图 5-19 TN-C-S 系统的接地方式

2) TN-C 系统。C—Common（公共，指 PE 与 N 合一）即四线制系统，三根相线分别为 L1、L2、L3，一根中性线与保护地线合并的为 PEN 线，用电设备的外露可导电部分接到 PEN 线上，如图 5-18 所示。

在 TN-C 系统接线中，当存在有三相负荷不平衡或有单相负荷时，PEN 线上呈现出不平衡电流，电气设备的外露可导电部分有对地电压的存在。因 N 线不得断线，所以在进入建筑物前 N 或 PE 应加做重复接地。

TN-C 系统适用于三相负荷基本平衡的情况，也适用于有单相 220V 的便携式、移动式的用电设备。

3) TN-C-S 系统。即四线半系统，在 TN-C 系统的末端将 PEN 分开即为 PE 线和 N 线。分开后不得再合并，如图 5-19 所示。

这个系统的前半部分具有 TN-C 系统的特点，在系统的后半部分具有 TN-S 系统的特点。目前，一些民用建筑物的电源入户后，将 PEN 线分为 N 线和 PE 线。

该系统适用于工业企业及一般民用建筑。当负荷端装有漏电保护装置，干线末端装有接零保护时，它可用于新建住宅小区。

（2）TT 系统：第一个"T"表示电力网的中性点（发电机、变压器的星形联结的中间结点）为直接接地系统；第二个"T"表示电气设备正常运行时不带电的金属外露可导电部分对地做直接的电气连接，即为"保护接地"系统。三根相线 L1、L2、L3，一根中性线 N 线，用电设备的外露部分采用各自的 PE 线直接接地，如图 5-20 所示。

在此系统中，当电气设备的金属外壳带电（相线碰壳或漏电）时，接地保护装置可以减少触电危险，但低压断路器不一定会跳闸，设备的外壳对地电压有可能会超过安全电压。当漏电电流较小时，要加设漏电保护装置。接地装置的接地电阻要满足单相接地故障时在规定的时间内切断供电线路的要求，或使接地电压限制在 50V 以下。

（3）IT 系统：电力系统不接地或经过高阻抗接地的三线制系统即为 IT 系统。三根相线分别为 L1、L2、L3，用电设备的外露可导电部分采用各自的 PE 线来接地，如图 5-21 所示。IT 系统适用于 3~35kV 的供电系统，特殊情况（如煤矿、化工厂）时也可将其用于低压（380V/220V）供电系统。

在此系统中，当任何一相发生故障接地时，由于大地可作为相线继续工作，系统可继续运行。因此在线路中需加设单相接地检测及监视装置，如有故障时报警。

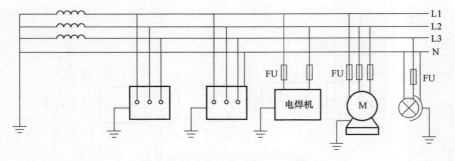

图 5-20 TT 系统的接地方式

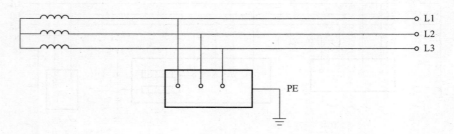

图 5-21 IT 系统的接地方式

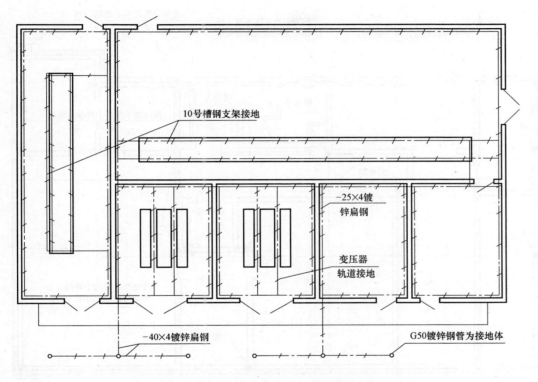

图 5-22 两台 10kV 变压器的变电所接地电气工程图

【例 5-3】 识读两台 10kV 变压器的变电所接地电气工程图。

图 5-22 为两台 10kV 变压器的变电所接地电气工程图,从图中可以看出:

(1) 接地系统沿墙的四周用 25mm×4mm 的镀锌扁钢作为接地支线,40mm×4mm 的镀锌扁钢作为接地干线,人工接地体为两组,每组有三根 G50 的镀锌钢管,长 2.5m。

(2) 变压器利用轨道接地,高压柜与低压柜通过 10 号槽钢支架来接地。

(3) 要求变电所电气接地的接地电阻不得大于 4Ω。

【例 5-4】 识读某住宅接地电气施工图。

图 5-23 为某住宅接地电气施工图的一部分,从图中可以看出:

(1) 防雷引下线与建筑物防雷部分的引下线相对应。

(2) 在建筑物转角的 1.8m 处设置断接卡子,以便接地电阻测量用;在建筑物两端 −0.8m 处设有接地端子板,用于外接人工接地体。

(3) 在住宅卫生间的位置,安装有 LEB 等电位接地端子板,用于对各卫生间的局部等电位的可靠接地;在配电间距地 0.3m 处,设有 MEB 总等电位接地端子板,用于设备接地。

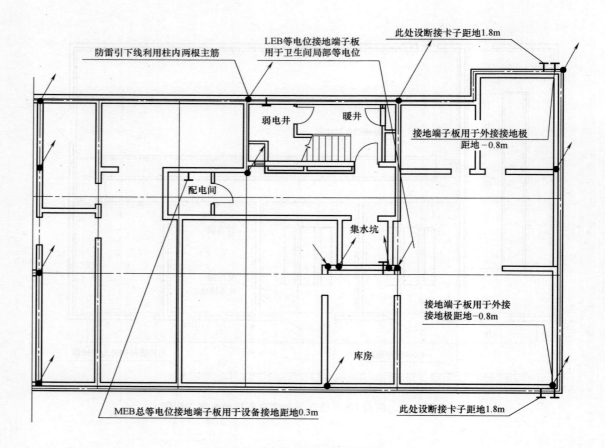

图 5-23 某住宅接地电气施工图

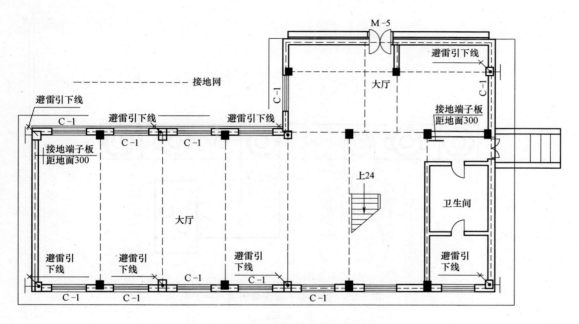

图 5-24 某办公楼接地电气施工图

【例 5-5】 识读某办公楼接地电气施工图。

图 5-24 为某办公楼接地电气施工图,从图中可以看出,图中有 8 个避雷引下线,2 个距地 0.3m 的接地端子板,4 个断线卡子用于测量接地电阻。

等电位联结是将分开的设备和装置的外露可导电部分用等电位联结导体或电涌保护器连接起来，使它们的电位基本相等。这种连接降低甚至消除了电位差，保证人身、设备的安全。

5.3 识读等电位联结工程图

1. 等电位联结的分类

等电位联结可分为：总等电位联结、辅助等电位联结及局部等电位联结三种。

（1）总等电位联结：总等电位联结可降低建筑物内间接接触电击的接触电压与不同金属部件间的电位差，并可消除自建筑物外经电气线路和各种金属管道引入的危险故障电压的危害，它应通过进线配电箱近旁的总等电位联结端子板（接地母排）将以下导电部位相互连通：

1）进线配电箱的 PE（PEN）母排。

2）建筑物金属结构。

3）公用设施的金属管道如上水、下水、燃气、热力等管道。

4）若建筑物设有人工接地极，则包括接地极引线。

建筑物每一电源进线都应做等电位联结，各个总等电位联结端子板要相互连通。接地端子板安装方式如图 5-25 所示。

（2）辅助等电位联结：将两导电部分用电线直接作等电位联结，使故障接触电压降至接触电压限值以下。

一般在以下情况需作辅助等电位联结：

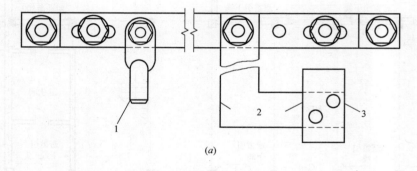

图 5-25 接地端子板安装方式（一）

（a）正视；

1—接线端子；2—镀锌扁钢或铜带；3—分支连接；

1) 自TN系统同一配电箱供给固定式和移动式两种电气设备，而固定式设备保护电器切断电源时间不能满足移动式设备防电击要求时。

2) 电源网络阻抗过大，使自动切断电源时间过长，不能满足防电击要求时。

3) 为满足浴室、游泳池及医院手术室等场所对防电击的特殊要求时。

(3) 局部等电位联结：在局部场所范围内，将各种可导电物体与接地线或PE线连接，即为局部等电位联结。可通过局部等电位联结端子板将PE母线（或干线）、金属管道及建筑物金属体等互相连通。

以下列情况时需要作局部等电位联结：

1) 由TN系统同一配电箱供电给固定式与移动式两种电气设备，而固定式设备保护断开电源时间不能满足移动式设备防电击要求时。

2) 当电源网络阻抗过大，使自动断开电源时间过长，不能满足防电击要求时。

3) 为满足浴室、游泳池、医院手术室、农牧业等场所对防电击的特殊要求时。

4) 为满足防雷和信息系统抗干扰的要求时。

5) 为避免爆炸危险场所因电位差产生电火花时。

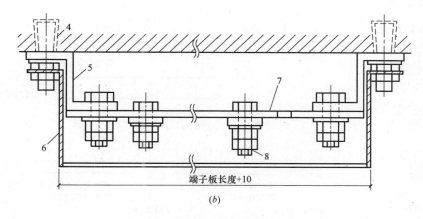

图 5-25　接地端子板安装方式（二）

(b) 俯视

4—膨胀螺栓；5—扁钢支架；6—保护罩；7—端子板；8—螺栓、螺母、垫圈

2. 建筑物等电位联结安装要求

（1）所有进出建筑物的金属装置、电力线路、外来导电物、通信线路及其他电缆都要与总汇流排做好等电位金属连接。计算机机房要敷设等电位均压网，并应与大楼的接地系统相连接。

（2）穿过各防雷区交界处的金属物与系统，以及一防雷区内部的金属物和系统都要在防雷区交界处做等电位联结。

（3）等电位网应采用 M 形网络，各设备的直流接地以最短的距离与等电位网相连接。

（4）如因条件需要，建筑物应采用电涌保护器（SPD）做等电位联结，如图 5-26 所示，接地线也应做等电位联结。

（5）实行等电位联结的主体为设备所在建筑物的主要金属构件和进入建筑物的金属管道；供电线路含外露的可导电部分；防雷装置；由电子设备构成的信息系统。

（6）有条件的计算机房六面要敷设金属蔽网，屏蔽网应与机房内环形接地母线均匀多点相连，机房内的电力电缆（线）、通信电缆（线）应尽可能采用屏蔽电缆。

（7）不论等电位联结与局部等电位联结，每一电气装置外的其他系统可只连接一次，且未规定必须作多次连接。

（8）架空电力线由终端杆引下后，应更换为屏蔽电缆，进入大楼前应水平直埋 50m 以上，埋地深度大于 0.6m，屏蔽层两端要接地，非屏蔽电缆应穿镀锌铁管且水平直埋 50m 以上，铁管两端接地。

（9）除水表外管道的接头不必做跨接线，由于连接处即使缠有麻丝或聚乙烯薄膜，其接头也仍然是导通的。但施工完毕后必须作上述检测，对导电不良的接头应作跨接处理。

（10）等电位联结只限于大型金属部件，孤立的接触面积小的（如放水按钮）就不必连接，因其不足以引起电击事故，而以手持握的金属部件，由于电击危险大则必须纳入等电位联结内。

（11）离地面 2.5m 的金属部件由于位于伸臂范围以外，所以不需要作连接。

（12）门框、窗框如不靠近电器设备或电源插座不一定连接，反之应作连接。离地面 20m 以上的高层建筑的窗框，如有防雷需要也要连接。

（13）浴室为电击危险大的特殊场所。由于人在沐浴时遍体湿透，人体阻抗大大下降，沿金属管道导入浴室的 10~20V 电压便足以使人发生心室纤维性颤动而导致死亡。所以，在浴室范围内还应用铜线和铜板作一次局部等电位联结。

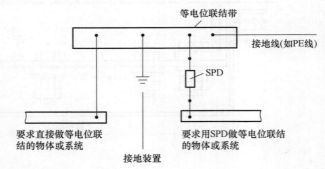

图 5-26 导电物体或电气系统连到等电位联结带的等电位联结

5 识读建筑防雷与接地工程图

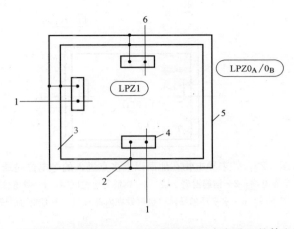

图 5-27 采用环形接地体时外来导电物在地面多点进入的等电位联结
1—外来导电物；2—钢筋的等电位联结；3—钢筋混凝土墙；
4—等电位联结带；5—环形接地体；6—电力或通信线路

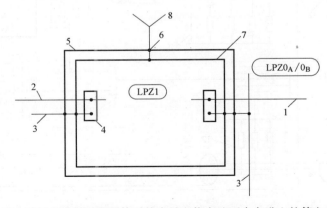

图 5-28 采用一内部环形导体时外来导电物在地面多点进入的等电位联结
1—外来导电物；2—电力或通信线路；3—局部接地体；4—等电位联结带；
5—钢筋混凝土墙；6—钢筋的等电位联结；7—内部环形导体；8—其他接地体

3. 建筑物等电位联结方法

（1）防雷等电位联结：穿过各防雷区交界的金属部件和系统及在一个防雷区内部的金属部件和系统，都应于防雷区交界处作等电位联结。一般应采用等电位联结线及螺栓紧固的线夹在等电位联结带作等电位联结，且当需要时，应采用避雷器做暂态等电位联结。

在防雷界处的等电位联结应考虑建筑物内的信息系统，在那些对雷电电磁脉冲效应要求最小的地方，等电位联结带最好采用金属板，并多次连接钢筋或其他屏蔽物件上。对于信息系统的外露导电物应建立等电位联结网，原则上一个等电位联结网不必直接连在大地，但实际上所有等电位联结网都与大地相连接。下面为系统等电位联结的几种示例。

1）当外来导电物、电力线及通信线是在不同位置进入该建筑物时，则应设若干等电位联结带，就近连到环形接地体，以及连到钢筋及金属的立面，如图 5-27 所示。

2）若没有安装环形接地体，这些等电位联结带应连至各自的接地体并用一内部环形导体将其互相连接起来，如图5-28所示。

3）对在地面以上进入的导电物，等电位联结带应连到设于墙内或墙外的水平环形导体上。当有引下线与钢筋时，该水平环形导体应连接到引下线和钢筋上，如图 5-29 所示。

（2）过电压保护器等电位联结：过电压保护器等电位联结方法如图 5-30 所示。

（3）内部导电物等电位联结：所有大尺寸的内部导电物（如电梯导轨、吊车、金属门框、金属地面、电缆桥架、服务性管子）的等电位联结，应以最短的路线连到最近的等电位联结带或其他已做了等电位联结的金属物。各导电物之间的附加多次互相连接是十分有益处的。在等电位联结的各个部件中，预期只流过较小部分的雷电流。

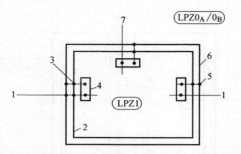

图 5-29　外来导电物在地面以上多点进入的等电位联结
1—外来导电物；2—钢筋混凝土墙；3—钢筋等电位联结；4—等电位联结；
5—引下线；6—水平环形导体（也可设在内部）；7—电力或通信线路

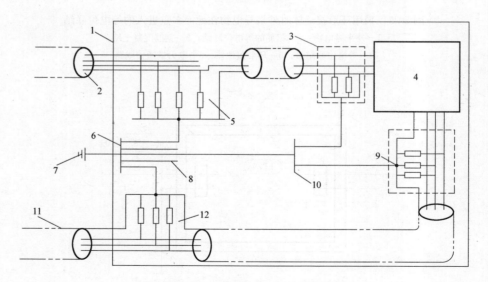

图 5-30　过电压保护器的等电位联结图
1—外墙；2—电源电缆；3—过电压保护器；4—微机设备；5—避雷器；6—接地母板；7—保护接地；
8—总等电位联结线；9—过电压保护器；10—局部等电位联结端子板；11—信号电缆；12—避雷器

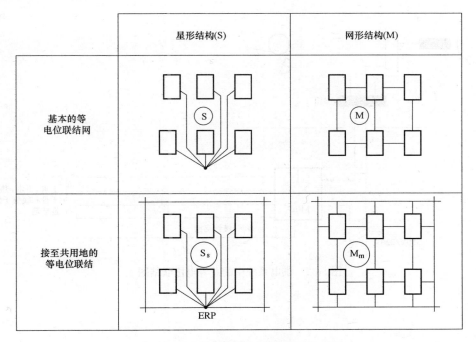

图 5-31 信息系统等电位联结

（4）信息系统等电位联结：在设有信息系统设备的室内应敷设等电位联结带，机柜、电气及电子设备的外壳和机架、防静电接地、计算机直流接地（逻辑接地）、金属屏蔽线缆外层、交流地和对供电系统的相线、中性线进行电流保护的 SPD 接地端等都要以最短的距离与这个等电位联结带直接相连。连接应采用网形（M）结构或星形（S）结构。小型计算机网络应采用 S 形连接，中、大型计算机网络应采用 M 形网络。在复杂的系统中，M 形和 S 形这两种形式的优点可组合在一起。网形结构的环形等电位联结带应每隔 5m 经建筑物墙内钢盘、金属立面与接地系统相连接，如图 5-31 所示。

【例 5-6】 识读某住宅楼供电系统中的总等电位联结工程图。

图 5-32 是某住宅楼供电系统中的总等电位联结工程图，从图中可以看出，总等电位联结箱 MEB 在电源线进线位置，MEB 箱内装有等电位连接端子板，MEB 箱与配电箱 T3、与电气接地装置均使用接地母线连接。

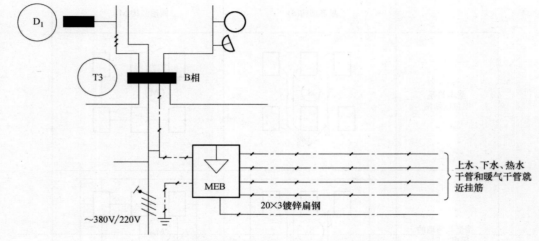

图 5-32　供电系统中的总等电位联结图

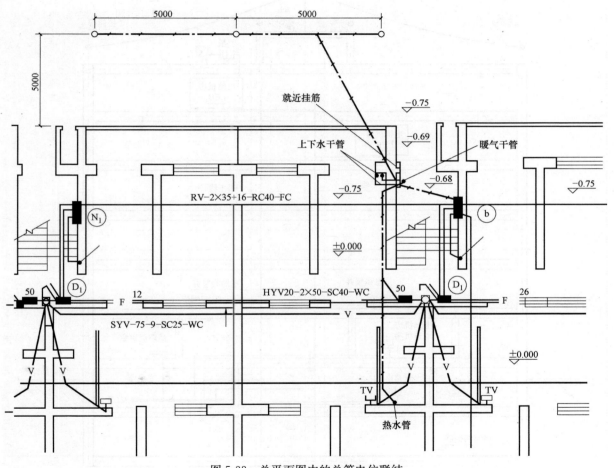

图 5-33 总平面图中的总等电位联结

【例 5-7】 识读某住宅楼总平面图中的总等电位联结工程图。

图 5-33 是某住宅楼总平面图中的总等电位联结工程图,从图中可以看出:

(1) 单元门口右侧是配电箱,左侧是 MEB 箱,接地装置使用三根接地体,接地体距建筑物 5000mm 埋设,接地体间距也为 5000mm。

(2) 接地体用接地母线连接并接入到 MEB 箱。

(3) 在 MEB 箱附近有暖气干管和上下水干管,并就近与建筑物内钢筋连接。

(4) 热水管在下面距 MEB 箱较远的位置。

(5) MEB 箱与配电箱间用接地母线连接。

【例 5-8】 识读总等电位接地系统安装图。

图 5-34 为总等电位接地系统安装图,从图中可以看出:

(1) 图中只表示出 MEB、LEB 及竖井内接地干线。所有进出建筑物的金属管道及构件可就近与 LEB 或 MEB 联结。

(2) 电信机房应预留 LEB 端子板。

(3) 竖井内宜预留接地干线,此干线与基础钢筋连通。

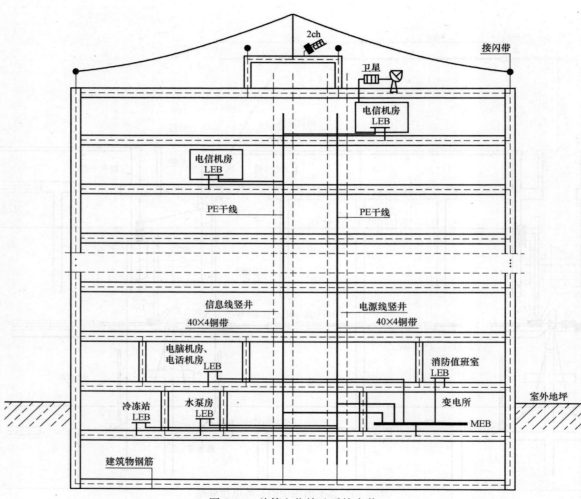

图 5-34 总等电位接地系统安装

6 识读建筑电气设备控制工程图

6.1 识读电气控制电路图

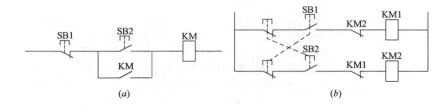

图 6-1 自锁及连锁环节
(a) 自锁环节；(b) 连锁环节

1. 电气控制电路图的基本环节

一个控制环节是指在一个控制电路中，能实现某项功能的若干电气元件的组合，整个控制电路都是由这些控制环节有机地组合而成的。控制电路通常包括以下几个基本环节：

（1）电源环节：电源环节主要包括主电路供电电源和辅助电路工作电源，由电源开关、电源变压器、稳压装置、整流装置、控制变压器及照明变压器等组成。

（2）启动环节：启动环节包括直接启动和减压启动，由接触器与各种开关组成。

（3）保护环节：保护环节由对设备和线路进行保护的装置组成，如短路保护由熔断器完成，过载保护由热继电器完成，失电压与欠电压保护由失电压线圈（接触器）完成。此外，有时还使用各种保护继电器来完成各种专门的保护功能。

（4）运行环节：运行环节是电路的基本环节之一，具有的作用是使电路在需要的状态下运行，包括电动机的正反转、调速等。

（5）停止环节：停止环节所具有的作用是切断控制电路供电电源，使设备由运转变为停止。停止环节由控制按钮与开关等组成。

(6) 制动环节：制动环节的主要作用是使电动机在切断电源后迅速停止运转。制动环节通常由制动电磁铁与能耗电阻等组成。

(7) 手动工作环节：电气控制电路通常都能实现自动控制，为了提高电路工作的应用范围，适应设备安装完毕及事故处理后试车的需要，在控制电路中常常还设有手动工作环节。手动工作环节由转换开关和组合开关等组成。

(8) 信号环节：信号环节的作用是显示设备和电路工作状态是否正常，常由蜂鸣器、信号灯及音响设备等组成。

(9) 自锁及连锁环节：启动按钮松开后，电路保持通电，电气设备能继续工作的电气环节即为自锁环节，如接触器的常开触点串联于线圈电路中，如图 6-1 (a) 所示。连锁环节是指两台或两台以上的电气装置、元件，为了保证设备运行的安全与可靠，只能一台通电启动，另一台不能通电启动的保护环节。如两个接触器的常闭触点分别串联于对方线圈电路中，如图 6-1 (b) 所示。

(10) 顺序控制及优先启动环节：在一个控制系统中有多台电气设备，只能按一定的顺序进行启动或某台电气设备具有优先启动权的控制环节，如图 6-2 所示。

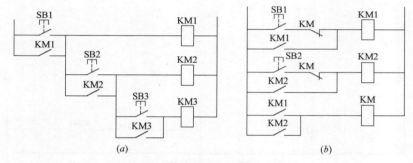

图 6-2 顺序控制及优先启动环节
(a) 顺序控制环节；(b) 优先启动环节

2. 三相绕线转子异步电动机控制电路图

（1）时间继电器控制绕线转子异步电动机启动电路 三相绕线转子异步电动机启动时，一般采用转子串接分段电阻来减少启动电流，启动过程中逐级切除，在电阻全部切除后，启动结束。

如图 6-3 所示是利用 3 个时间继电器依次自动切除转子电路中的三级电阻启动控制电路。当电动机启动时，合上电源开关 QF，按下启动按钮 SB2，接触器 KM 通电，并自锁，同时，时间继电器 KT1 通电，在其常开延时闭合触点动作前，电动机转子绕组串入全部电阻启动。KT1 延时终了时，其常开延时闭合触点闭合，接触器 KM1 线圈通电动作，切除一段启动电阻 R1，并接通时间继电器 KT2 线圈，经过整定的延时后，KT2 的常开延时闭合触点闭合，接触器 KM2 通电，短接第二段启动电阻 R2，同时使时间继电器 KT3 通电，经过整定的延时后，KT3 的常开延时闭合触点闭合，接触器 KM3 通电动作，切除第三段转子启动电阻 R3，同时另一对 KM3 常开触点闭合自锁，另一对 KM3 常闭触点切断时间继电器 KT1 线圈电路，KT1 延时闭合常开触点瞬时还原，使 KM1、KT2、KM2 及 KT3 依次断电释放。唯独 KM3 保持工作状态，电动机的启动过程全部结束。

接触器 KM1、KM2 及 KM3 常闭触点串接在 KM 线圈电路中，其主要目的是为了保证电动机在转子启动电阻全部接入情况下启动。若接触器 KM1、KM2、KM3 中任何一个触点由于焊住（或机械故障）而没有释放，这时启动电阻就没有全部接入，若这样启动，启动电流将超过整定值，但因在启动电路中设置了 KM1、KM2 及 KM3 的常闭触点，只要其中任意一个接触器的主触点闭合，电动机就不能启动。

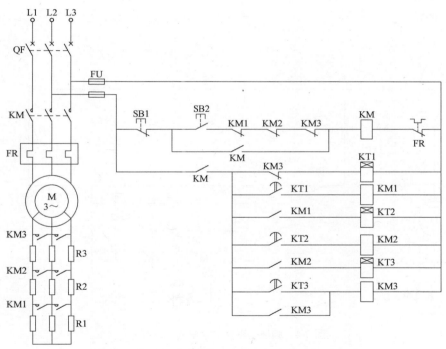

图 6-3 时间继电器控制绕线转子异步电动机启动电路

(2) 转子绕组串频敏变阻器启动电路：频敏变阻器启动控制电路如图 6-4 所示，此电路可手动控制，也可以自动控制。

采用自动控制时，把转换开关 SA 扳到自动位置 A，时间继电器 KT 起作用，按下启动按钮 SB2，接触器 KM1 通电，并自锁，电动机接通电源，转子串入频敏变阻器启动。同时，时间继电器 KT 通电，经过整定的时间后，KT 常开延时闭合触点闭合，中间继电器 KA 线圈通电，并自锁，使接触器 KM2 线圈有电，铁心吸合，主触点闭合，将频敏变阻器短接，RF 短接，即启动完毕。在启动过程中，中间继电器 KA 的两对常闭触点将主电路中热继电器 FR 的发热元件短接，防止启动过长时热继电器误动作。在运行时，KA 常闭触点断开，热继电器的热元件才接入主电路，启过载保护的作用。

当采用手动控制时，将转换开关扳至手动位置（M），这时 KT 不起作用，用按钮 SB3 控制中间继电器 KA 与接触器 KM2 的动作。其启动时间由按下 SB2 及按下 SB3 的时间间隔的长短来确定。

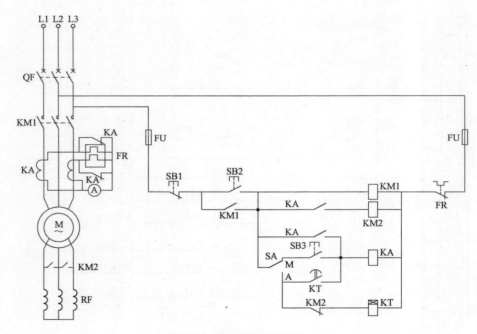

图 6-4 频敏变阻器启动电路

3. 三相笼型异步电动机控制电路图

在电气控制电路中，碰到最多的是电动机的控制电路。电气控制电路通常可分为电气原理部分与保护部分。以下均从这两方面来着手，分析电动机常用的控制电路图。

(1) 点动控制电路：三相笼型异步电动机点动控制电路如图 6-5 所示，它主要由电源开关 QF、点动按钮 SB 以及接触器 KM 等组成。工作时，合上电源开关 QF，为电路通电做好准备，当启动时，按下点动按钮 SB，交流接触器 KM 的线圈流过电流，电磁机构产生电磁力将铁心吸合，使三对主触点闭合，电动机通电转动。在松开按钮后，点动按钮在弹簧的作用下复位断开，接触器线圈即失电，三对主触点断开，电动机也失电停止转动。这种按下按钮电动机就动，松开按钮电动机即停的控制方式叫作点动控制。

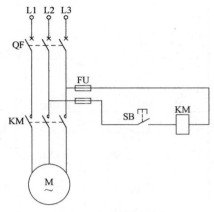

图 6-5 点动控制电路

(2) 电动机直接启动控制电路：如图 6-6 所示为电动机直接启动控制电路。工作时，合上电源开关 QF，按下启动按钮 SB2，接触器线圈 KM 即通电，接触器主触点闭合，接通主电路，电动机启动运转。这时并联于启动按钮 SB2 两端的接触器辅助动合触点闭合，以保证 SB2 松开后，电流可通过 KM 的辅助触点继续给 KM 线圈供电，保持电动机运转。所以这对并联在 SB2 两端的常开触点即为自锁触点（或自保持触点），这个环节叫作自锁环节。

电路中的保护环节有短路保护、过载保护及零电压保护。短路保护有带短路保护的断路器 QF 与 FU 熔断器，当主电路发生短路时，QF 动作，断开电路，起到保护作用。FU 是控制电路的短路保护。热继电器 FR 为电动机的过载保护。电动机的零电压保护是由接触器 KM 的线圈与 KM 的自锁触点组成，KM 线圈的电流是通过自锁触点供电的，当线圈失去电压后，自锁触点断开，主触点断开，电动机即停止转动。恢复供电压时，KM 自锁触点不通，电动机不会自行启动（避免了电动机突然启动而造成人身事故或设备损坏）。这种保护即为零电压保护，也叫欠电压保护或失电压保护。如果要电动机运行，要重新按下 SB2 才能够实现。

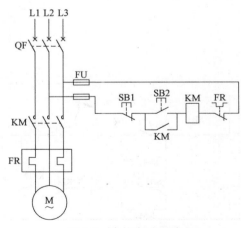

图 6-6 直接启动电路

（3）电动机正反转控制电路：电动机的正反转控制电路如图6-7所示。电路中的QF为断路器。电动机的正反转，只要将三相电源线的任意两两相交换一下即可，在控制电路中是用两个接触器来完成两根相线的交换。如果要电动机进行正转，只要按下正转按钮SB2，使接触器KM1线圈通电，铁心吸合，主触点闭合（辅助动合触点闭合自锁），电动机正转。如果要反转，要先按停止按钮SB1，使KM1线圈失电触点复原后，使KM2线圈通电。由于正反转电路中，加了一个连锁环节，两个接触器线圈电路中分别串联了一个对方接触器的常开辅助触点，相互锁住了对方的电路。这种正反转电路即为接触器连锁电路。电动机停转后，按下按钮SB3，接触器KM2线圈通电，铁心吸合，主触点闭合，使电动机的进线电源相序反相，电动机即反转。

接触器连锁的电路，从正转到反转一定要先按停止按钮，使连锁触点复位，才能启动，使用时不方便。这时可在控制电路中加上按钮连锁触点，即为复合连锁，如图6-8所示，复合连锁可逆电路可直接按正反转启动按钮，提高了工作效率。

控制电路的保护环节有短路保护QF、过载保护FR、零电压保护由接触器的线圈及自锁触点组成。连锁保护KM1与KM2分别将动断触点串联于对方线圈电路中，使两个接触器不可能同时通电，避免了L1、L3两相的短路故障。

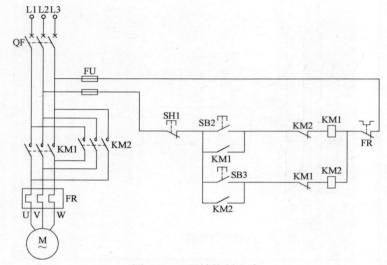

图6-7 正反转控制电路

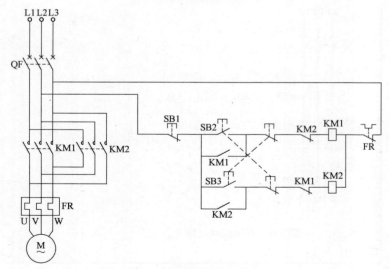

图6-8 复合连锁可逆电路

6 识读建筑电气设备控制工程图

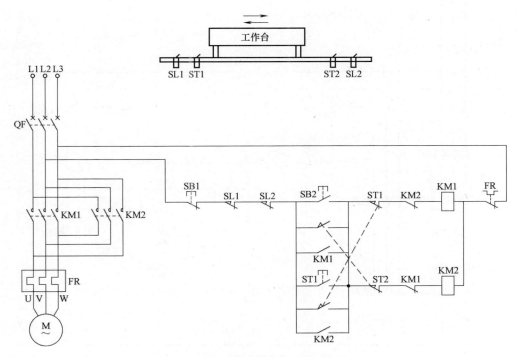

图 6-9 自动往复控制电路

(4) 自动往复控制电路：行程开关（也称限位开关）控制的机床自动往复控制电路如图 6-9 所示。自动往复信号是由行程开关给出的，当电动机正转时，挡铁撞到行程开关 ST1，ST1 即发出电动机反转信号，使工作台后退（ST1 复位）。当工作台后退到挡铁压下时，ST2 即发出电动机正转信号，使工作台前进，前进到再次压下 ST1 时，这样往复不断循环下去。SL1、SL2 为行程极限开关，防止 ST1、ST2 失灵时，当挡铁撞到 SL1 或 SL2，使电动机断电停车，防止工作台冲出行程事故的出现。

在控制电路图中，由于行程开关 ST1 的常闭触点和正转接触器 KM1 的线圈串联；ST1 的常开触点与反转启动按钮 SB2 并联。因此，挡铁压下 ST1 时，ST1 的常闭触点断开电动机的正转控制电路，使前进接触器线圈 KM1 失电，电动机即停转，同时 ST1 常开触点闭合，接通电动机反转电路，使后退的接触器 KM2 通电，电动机即反转，ST2 的工作原理同 ST1，不再进行阐述。

行程极限开关 SL1 与 SL2 为保护用开关，它们的常闭触点串联于控制回路中。当 ST1、ST2 失效时，SL1、SL2 被挡铁压下，使其常闭触点断开电动机的控制回路，电动机即停转。

131

(5) Y-△减压启动控制电路：容量较小的电动机的启动可采用直接启动方式，但容量较大电动机的启动一般采用减压启动方式，这种启动方式启动时可减少对电网电压的冲击。其中，最常用的方式之一为Y-△减压启动，适用于运行时定子绕组接成三角形联结的三相笼型异步电动机。当电动机绕组接成星形联结时，每相绕组承受电压为 220V 相电压。启动结束后改成三角形联结，每相绕组承受 380V 的线电压，从而实现了减压启动的目的。

图 6-10 为Y-△减压启动电路。KM1 是启动接触器，KM2 是控制电动机绕组星形联结的接触器，KM3 是控制电动机绕组三角形联结的接触器。时间继电器 KT 主要用来控制电动机绕组星形联结的启动时间。

启动时先合上电源开关 QF，按下启动按钮 SB2，接触器 KM1、KM2 及时间继电器 KT 的线圈同时通电，KM1、KM2 铁心吸合，KM1、KM2 主触点闭合，电动机定子绕组Y联结启动。KM1 的常开触点闭合自锁，KM2 的常闭触点断开连锁。电动机在Y联结下启动，延时一段时间后，时间继电器 KT 的常闭触点延时断开，KM2 线圈失电，铁心释放，触点还原；KT 的常开触点延时闭合，此时 KM3 线圈通电，铁心吸合，KM3 主触点闭合，将电动机定子绕组接成三角形联结，电动机即在全压状态下运行。同时 KM3 常开触点闭合自锁，KM3 常闭触点断开连锁，使 KT 失电还原。

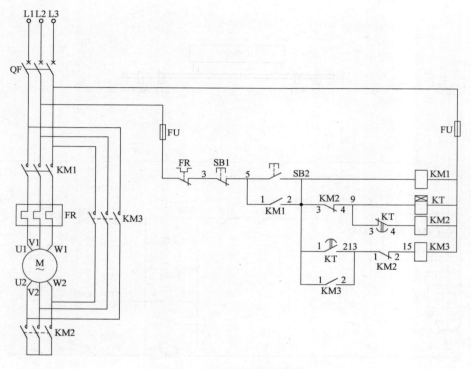

图 6-10 Y-△减压启动电路

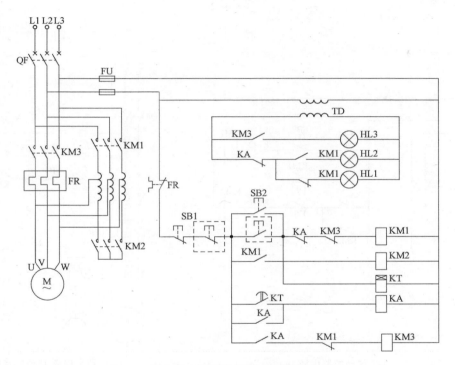

图 6-11 自耦变压器减压启动

（6）自耦变压器减压启动电路：自耦变压器减压启动也是一种常用的减压启动方式。自耦变压器减压启动电路由自耦变压器、中间继电器、交流接触器、热继电器、时间继电器及按钮等组成，可用于 14～300kW 三相异步电动机减压启动，控制电路如图 6-11 所示。当三相交流电源接入，电源变压器 TD 有电，指示灯 HL1 亮，表示电源正常，电动机即处于停止状态。

启动时，按下按钮 SB2，KM1 通电并自锁，HL1 指示灯灭，HL2 指示灯亮，电动机减压启动；此时 KM2 和 KT 通电，KT 常开延时闭合触点经延时后闭合，在未闭合前，电动机处于减压启动过程；当 KT 延时终了，中间继电器 KA 通电并自锁，使 KM1、KM2 断电，KM3 通电，HL2 指示灯断电，HL3 指示灯亮，电动机在全压下运转。因此 HL1 为电源指示灯，HL2 为电动机减压启动指示灯，HL3 为电动机正常运行的指示灯。图中虚线框中的按钮为两地控制。

(7) 反接制动控制电路：如图6-12所示是用速度继电器KS来控制的电动机反接制动电路。速度继电器KS与电动机同轴，R为反接制动时的限流电阻。

启动时，合上电源开关QF，按下按钮SB2，KM1线圈通电，铁心吸合，KM1辅助常开触点闭合自锁，KM1主触点闭合，电动机即启动运行，当转速大于120r/min时，速度继电器KS常开触点闭合。

电动机停车时，按下停止按钮SB1，此时KM1线圈失电，铁心释放，所有触点还原，电动机失电作惯性转动。KM2线圈通电，则铁心吸合，KM2主触点闭合，电动机串入电阻反接制动。当其转速低于100r/min时，KS触点断开，KM2失电还原，制动过程结束。

(8) 机械制动控制电路：机械制动是利用各种电磁制动器使电动机迅速停转。电磁制动器控制电路如图6-13所示，为直接启动控制电路，电磁制动器只有一个线圈符号，文字标注为YB。制动器线圈并联于电动机主电路中，当电动机启动，制动器线圈即通电，闸瓦松开；电动机停止，制动器线圈即断电，闸瓦合紧把电动机刹住。

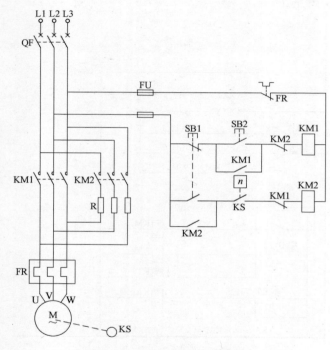

图6-12 反接制动控制电路

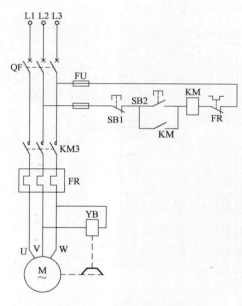

图6-13 电磁制动器控制电路

6 识读建筑电气设备控制工程图

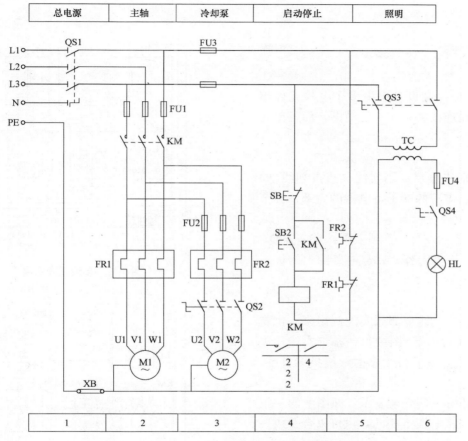

图 6-14 C630 车床电气控制电路图

【例 6-1】 识读电气控制电路图。

图 6-14 为 C630 车床电气控制电路图，从图中可以看出：

(1) 其主电路是 L1、L2、L3 三相电源经刀开关 QS1，接触器 KM 主触点到电动机 M1、电动机 M2 通过 QS2 控制。

(2) 接触器 KM 的线圈、主触点、辅助常开触点按展开绘制，接触器 KM 辅助常开、常闭触点有 4 对，图中只画出 1 对。

(3) 每个电器元件和部件都用规定图形符号来表示，并在图形符号旁标注文字符号或项目代号，说明电器元件所在的层次、位置和种类。

(4) 所有电器触点都按没有通电和没有外力作用时的开闭状态画出，线路应平行、垂直排列，各分支线路按动作顺序从左到右，从上到下排列；两根以上导线的电气连接处用圆黑点或圆圈标明。

(5) 为了便于安装、接线、调试和检修，电器元件和连接线均可用标记编号，主回路用字母加数字，控制回路用数字从上到下编号。

135

6.2 识读电气控制接线图

1. 单元接线图

一个成套的电气装置由许多控制设备组成，每一个控制设备中由多个电气元件组成，单元接线图即为提供每个单元内部各项目之间导线连接关系的一种简图，而各单元间的外部连接关系可用互连接线图表示。

（1）单元接线图的特点

1) 接线图中的各个项目不画实体，而用简化外形来表示，用实线（或点划线框）表示电器元件的外形，减少绘图工作量，框图中只绘出对应的端子，电器的内部、细节可简略。

2) 图中每个电器所处的位置要与实际位置相一致，给安装、配线及调试带来方便。

3) 接线图中标注的文字符号、项目代号及导线标记等内容，要与电路图上的标注相一致。

（2）导线连接表示方法

1) 多线图表示法就是将电气单元内部各项目间的连接线全部如实的画出来，也就是按照导线的实际走向一根一根地分别画出。如图6-15所示，图中每一条细实线代表一根导线。多线图表示法最接近实际，接线方便，但缺点是元件太多时，线条多且乱，不易分辨清楚。

2) 单线图表示法图中各元件间走向一致的导线可用一条线来表示，即图上的一根线实际上代表一束线。某些导线走向不完全相同，但在某一段上相同，也可以合并成一根线，在走向变化时，再逐条分出去。因此用单线图绘制的线条，可从中途汇合进去，或从中途分出去，最后达到各自的终点即相连元件的接线端子，如图6-16所示。

单线法绘制的图中，容易在单线旁标注导线的型号、根数、敷设方法、截面积、穿管管径等，图面清畅，给施工准备材料带来方便，阅读方便。但施工技术人员如水平不太高时，在看接线图时将有一定的困难，应对照原理图，才能接线。

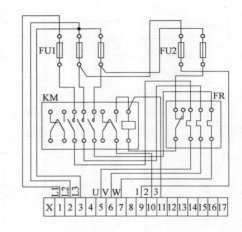

图6-15 多线图表示法

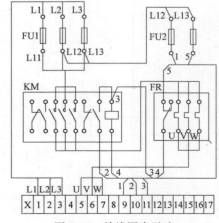

图6-16 单线图表示法

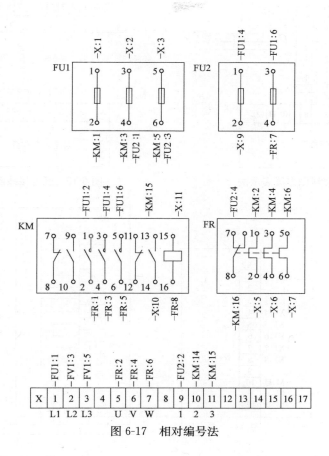

图 6-17 相对编号法

3）相对编号法 相对编号法是元件间的连接不用线条表示，一般采用相对编号的方法表示出元件的连接关系。如图 6-17 所示，甲乙两个元件的连接，在甲元件的接线端子旁标注乙元件的文字符号或项目代号和端子代号。在乙元件的接线端子旁标注甲元件的文字符号或项目代号和端子代号。相对编号法绘制的单元接线图减少了绘图工作量，但增加了文字标注工作量。相对编号法能够在施工中给接线、查线带来方便，但不直观，对线路的走向没有明确表示，给敷设导线带来困难。

2. 互连接线图与端子接线图

一个电气装置或电气系统可由两、三个甚至更多的电气控制箱及电气设备组成。为了方便施工，工程中应绘制各电气设备间连接关系的互连接线图。

在互连接线图中，各电气单元（控制设备）用点划线或实线围框来表示，各单元间的连接线要通过接线端子，围框内要画出各单元的外接端子，并提供端子上所连导线的去向，而各单元内部导线的连接关系可不必绘出。互连接线图中导线连接的表示方法包括有多线图表示法（如图 6-18 所示）、单线图表示法（如图 6-19 所示）、相对编号法（如图 6-20 所示）三种。

在工程设计和施工中，为减少绘图工作量，方便安装接线，通常都绘制端子接线图来代替互连接线图。端子接线图中端子的位置常与实际位置相对应，且各单元的端子排按纵向进行绘制，如图 6-21 所示。这样安排可给施工和读图带来方便。

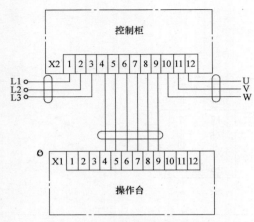

图 6-18 互连接线图多线表示法

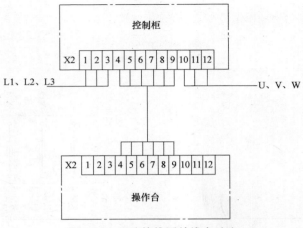

图 6-19 互连接线图单线表示法

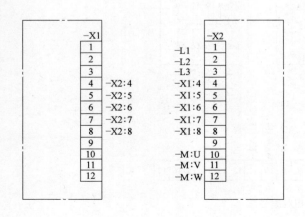

图 6-20 互连接线图相对编号法

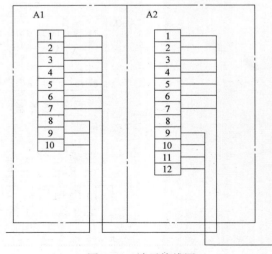

图 6-21 端子接线图

6.3 识读建筑电气设备电路图

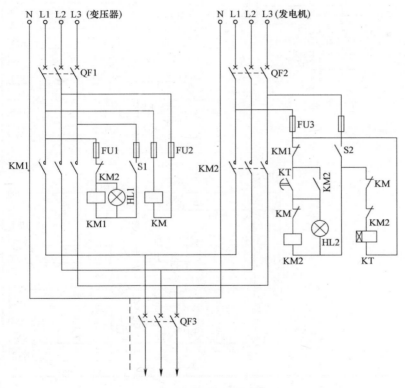

图 6-22 双电源自动切换电路

1. 双电源自动切换电路图

如图 6-22 所示为双电源自动切换电路，一路电源来自变压器，通过 QF1 断路器、KM1 接触器及 QF3 断路器向负载供电，变压器供电发生故障时，通过自动切换控制电路使 KM1 主触点断开，KM2 主触点闭合，将备用的发电机接入，保持供电。

当供电时，合上 QF1、QF2，再合上 S1、S2，由于变压器供电回路接有 KM 继电器，可以保证首先接通变压器供电回路，KM1 线圈通电，铁心吸合，KM1 主触点闭合，KM、KM1 连锁触点断开，使 KM2 与 KT 不能通电。

当变压器供电发生故障时，KM、KM1 线圈失电，触点还原。使 KT 时间继电器线圈通电，经延时后，KT 常开触点延时闭合，KM2 线圈通电自锁，KM2 主触点闭合，则备用发电机供电。

2. 给水泵控制电路图

高层建筑中给水泵控制方案有多种方式，常见的形式有两台给水泵一用一备。通常受水箱的水位控制，即低水位启泵，高水位停泵。

两台给水泵一用一备全压启动控制电路图如图 6-23 所示。两台水泵互为备用，工作泵故障时备用泵延时投入，水泵的启停受屋顶水箱液位器的控制，水源水池的水位过低时则自动停泵。工作状态选择开关可实现水泵的手动、自动及备用泵的转换。其控制工作原理如下：

水泵运行时，在 1 号泵控制回路中，如选择开关 SAC 置于"自动"位置，当水箱的水位降至整定低水位时，液位器 SL3 接通 → KI2 通电吸合 → KM1 通电吸合 → 1 号泵启动。1 号泵启动后，在继电器 KI3 吸合并自保持，下次再需供水时，2 号泵先启动。若 1 号泵启动时发生故障，KM1 未吸合，则作为备用的 2 号泵经 KT1 延时后，KI3 吸合，KM2 才通电吸合，2 号泵启动，相当于备用延时自投。若 1 号泵的故障是发生在运行一段时间后，KT1 的延时已到，KI3 已经吸合，这时，1 号泵的 KM1 一旦故障释放，2 号泵则立即启动。

两台泵的故障报警回路是以 KI2 已经吸合为前提条件，1 号泵的故障报警主要通过 KM1 常闭触点与 KI3 常闭触点串联来实现，2 号泵的故障报警主要通过 KM2 的常闭触点和 KI3 的常开触点串联来实现。

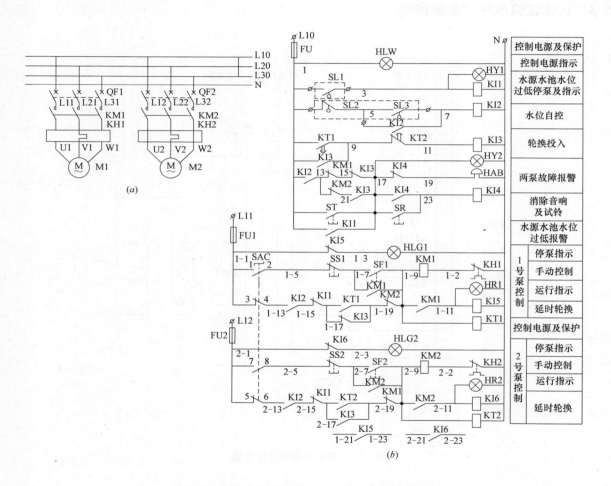

图 6-23 两台给水泵一用一备全压启动控制电路图
(a) 主电路图；(b) 控制电路图

3. 排水泵控制电路图

两台排水泵一用一备为常见的形式。如图 6-24 所示为两台排水泵控制电路图。

自动时：将 SA 置于"自动"位置，集水池水位达到整定高水位时，SL2 闭合→K13 通电吸合→K15 常闭接点仍为常闭状态→KM1 通电吸合→1 号泵启动运转。

1 号泵启动后，在 KI5 吸合并自保持，下次再需排水时，2 号泵启动运转。这种两台泵互为备用，自动轮换工作的控制方式，使两台泵磨损均匀，水泵运行寿命长。

手动时：手动时不受液位控制器的控制，1 号、2 号泵可单独启停。

此线路可以对溢流水位报警并启动水泵（如水位达到整定高水位，液位控制器故障，泵应该启动而没有启动时）。报警回路设计为：一台泵故障时，即为短时报警，一旦备用水泵自投成功后，停止报警；当两台泵同时故障时，长时间报警，直到有人解除音响。

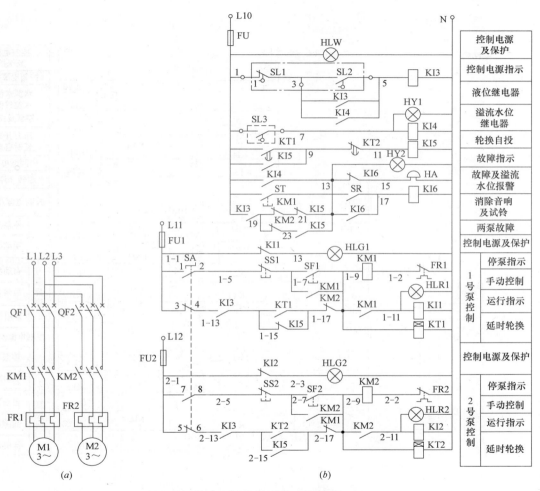

图 6-24 两台排水泵控制电路图
（a）主电路图；（b）控制电路图

4. 自动喷淋泵控制电路图

自动喷淋泵控制线路如图 6-25 所示。

发生火灾时，喷淋系统的喷头自动喷水，设于主立管上的压力传感器（或接在防火分区水平干管上的水流传感器）SP 接通，KT3 通电，经延时（3～5s）后，中间继电器 K14 通电吸合。如 SA 置于"1 号用 2 号备"位置，则 1 号泵的接触器 KM1 通电吸合，1 号泵启动向喷淋系统供水。如 1 号泵故障，因为 KM1 断电释放，使 2 号泵控制回路中的 KT2 通电，经延时吸合，KM2 通电吸合，作为备用的 2 号泵启动。

根据消防规范的规定，火灾时喷淋泵启动运转 1h 后，自动停泵，所以，KT4 的延时整定时间为 1h。KT4 通电 1h 后吸合，KI4 断电释放，使正在运行的喷淋泵控制回路断电，水泵即停止运行。

液位控制器 SL 安装于水源水池，若水池无水时，液位器 SL 接通，使 KI3 通电吸合，其常闭触点将两台水泵的自动控制回路断电，此时水泵停止运转。该液位控制器可采用浮球式或干簧式，如采用干簧式，应设有下限扎头，以保证水池无水时可靠停泵。

在两台泵自控回路中，与 KI4 常开触点并联的引出线，接于消防控制模块上，由消防中心来集中控制水泵的启停。

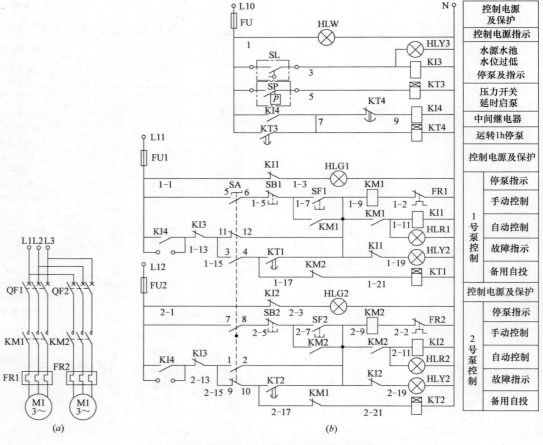

图 6-25 两台自动喷淋泵控制电路图
(a) 主电路图；(b) 控制电路图

5. 消防泵控制电路图

高层民用建筑中,一般的供水水压及高位水箱水位不能满足消火栓对水压的要求,常常采用消防泵来进行加压,以供灭火使用。可以使用一台水泵或两台水泵互为备用。

如图 6-26 所示为消防泵一用一备全压启动控制电路图。两台水泵互为备用,当工作泵故障、水压不够时备用泵延时投入,电动机过载及水源水池无水报警。其控制工作原理如下:

在准备投入状态时,QF1、QF2 及 SB1 都合上,SA 开关置于 1 号泵自动,2 号泵备用。由于消火栓内按钮被玻璃压下,其常开触点处于闭合状态,继电器 KA 线圈通电吸合,KA 常闭触点断开,使水泵处于准备状态。如有火灾发生,只需敲碎消火栓内的按钮玻璃,使按钮弹出,则 KA 线圈失电,KA 常闭触点还原,时间继电器 KT3 线圈通电,铁心吸合,常开触点 KT3 延时闭合,继电器 KA1 通电自锁,KM1 接触器通电自锁,KM1 主触点闭合,此时启动 1 号水泵。若 1 号水泵运转,经过一定时间后,热继电器 FR1 断开,KM1 失电还原,KT1 通电,KT1 常开触点延时闭合,使接触器 KM2 通电自锁,KM2 主触点闭合,则启动 2 号水泵。

SA 为手动和自动选择开关。SB10~SBn 均为消火栓按钮,采用串连接法(正常时被玻璃压下),实现断路启动,SB 可放置消防中心,作为消防泵启动按钮。SB1~SB4 为手动状态时的启动停止按钮。H1、H2 分别为 1 号、2 号水泵启动指示灯。1H~nH 为消火栓内指示灯,由 KA2 与 KA3 触点控制。

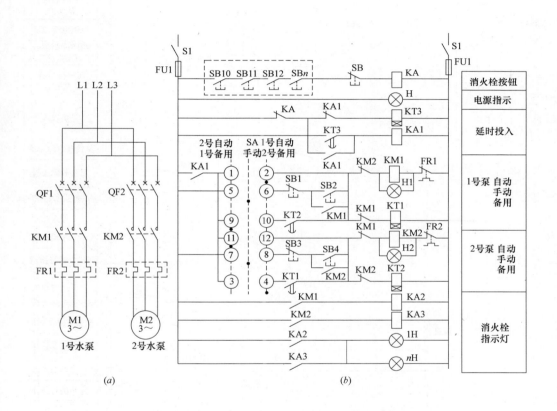

图 6-26 消防泵一用一备全压启动控制电路图
(a) 主电路图;(b) 控制电路图

6. 补压泵控制电路图

一般将补压泵设计为两台泵自动轮换交替运转，可使两台泵磨损均匀，运行寿命长。控制电路如图 6-27 所示。

如将选择开关 SA 置于"自动"位置，当水压降至整定下限时，压力传感器 SP 的 7、9 号线接通→KI4 通电吸合→因 1 号泵控制回路③与④通、KM1 通电吸合→1 号泵启动运转。此时，KT1 通电，延时吸合，使 KI3 通电吸合，为下次再需补压时，2 号泵的 KM2 通电做好了准备。若水压达到了要求值，压力传感器 SP 使 7、11 号线接通→KI5 通电吸合→KI4 断电释放→KM1 断电释放→1 号泵停止运转。

当水压又下降使 KI4 再通电，因 KI3 已经吸合，1 号泵控制电路 KM1 不能通电，此时，2 号泵控制回路的 KM2 先通电，所以 2 号泵投入运转。由于 KT2 也通电，经延时后，延时打开的常闭触点断开，轮换用的继电器 KI3 断电复原。这样，即完成了 1 号、2 号泵间的第一次轮换，下次再需启动时，又轮到 1 号泵运转。

若在 1 号泵该运转而由于发生故障没有运转时，KM1 跳闸，则 KM1 在 2 号泵控制回路中的常闭触点闭合，因 KI4 已吸合，这时只需看 KI3 是否吸合。KI3 的吸合由 1 号泵发生故障时已经运行多长时间及 KT1 的延时是否完成来决定，如没有完成，应等待其完成，如完成了，则 KT1 吸合，则 2 号泵的 KM2 通电吸合，2 号泵启动运转，起到备用泵的作用。

图中开关 SM 可选择补压泵受压力自动控制（1、7 号线接通）或受消防中心控制（1、3 号线接通）。

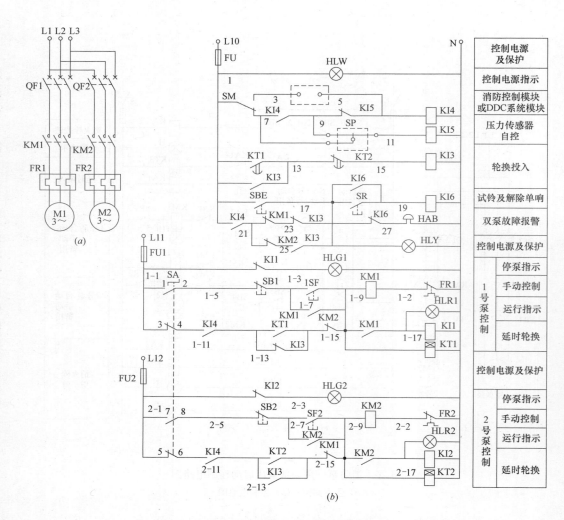

图 6-27 两台补压泵控制电路图
(a) 主电路图；(b) 控制电路图

7. 电梯系统控制电路图

电梯是机电一体化的大型综合性的复杂工具，传统上可将其分为机械与电气两个部分。其中，机械部分相当于人的躯干，电气部分则相当于人的神经。若按功能分，电梯可划分为曳引系统、导向系统、重量平衡系统、轿厢、门系统、电气控制系统、电力拖动系统及安全保护系统八个部分。因此，设计、安装及调试人员应对电梯的控制有所了解，本部分应以某电梯控制电路为例，介绍电梯控制电路的一般阅读方法。

（1）电梯的信号电路

1）呼梯信号系统。电梯在每层都设有召唤按钮和显示运行工作的指示灯，信号控制电路如图6-28所示。如在2楼呼叫电梯时，按下召唤按钮2ZHA，召唤继电器2KZHJ得电接通并自锁，按钮下面的指示灯亮。同时轿厢内召唤灯箱上代表2楼的指示灯2HL也点亮，线圈KDLJ通电，电铃响，通知司机2楼有人呼梯。司机明白以后按解除按钮XJA电铃停灯熄灭。

根据需要，在机房中对应每一台电梯的轿厢要分别独立敷设通信、广播及监视等方面的专用线路，并应有抗干扰的相关措施。

2）楼层指示装置。当电梯停放在2层以上时，应设楼层指示装置。将它安装于井道外面每站厅门的上方或侧旁，有时也可将它同召唤按钮安装在一起。楼层显示装置的画板上有代表停站的数字及显示电梯运行方向的箭头，亮的数字表示轿厢所在楼层的层数，亮箭头表示轿厢的运行方向。

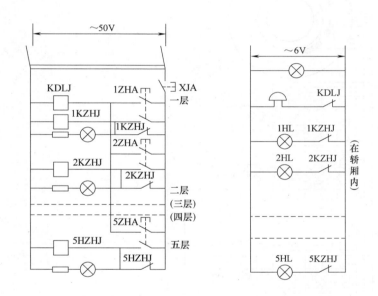

图6-28 信号控制电路

如图 6-29 所示是一幢 5 层楼的楼层指示器原理示意图。指示器上有 5 个固定点（有几层楼就有几个固定点），当轿厢从 1 层楼达到 N 层楼时，电刷能同步从一固定点转动到代表 N 层的固定点，来接通 N 层的指示灯。根据需要可做成多排触点，来控制每层楼所需的各种信号。

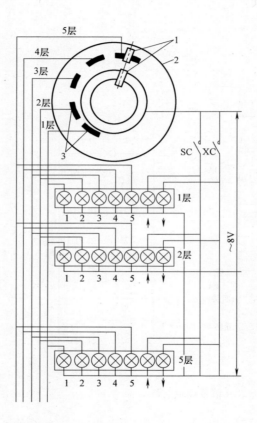

图 6-29　楼层指示器原理示意图
1—电刷；2—楼层指示器；3—固定触头

(2) 电梯控制电路的控制过程

以按钮自平层式（AP）电梯控制原理为例，简述普通电梯的工作过程。按钮自平层式（AP）电梯控制原理图如图 6-30 所示，曳引机采用双笼型异步电动机。

当闭合线路开关 KM 及 QK，由司机手动开门，乘客进入轿厢以后，用电锁钥匙开关 QR 接通主接触器 QS 的线圈，QSV 和 QXV 分别为向上与向下的极限开关。正常运行时，QS 通电，接通主电路，电源变压器得电，零压继电器 KY 通电接通直流控制回路，时间继电器 1KT 吸合，此时使交流控制电路接通。轿厢承重后，司机手动将门关好，使各层的厅门接触开关 1SP～5SP 及轿厢门接触开关 SP2 均闭合。在运行正常时，安全钳开关 SP1 及限速断绳开关 SP3 闭合，因此门连锁继电器 K 通电，交流接触器接通电源。若此时轿厢内的 N 层指示灯亮，指示 N 层传呼梯。如在 4 层，司机按下 4 层开车的按钮 SB4L，使楼层继电器 4KL 通电自锁。由于楼层转换开关 SA4L 是左边接通，所以上行继电器 KS 得电，常开触头 KS（24-106）闭合，使 KM 线圈得电。同时 KS 的另外一常开触点（38-106）闭合，使 KM1 通电。KM1 常开触头（50-52）闭合，使运行继电器 KYX 通电。因 KM 和 KM1 主触头均已闭合，电动机快速绕组通过启动电阻器接通，电动机正向降压启动，制动器线圈 YT 得电松闸。同时因为 KM 常闭点断开，使得延时继电器 1KT 失电，其触头（54-56）延时闭合接通 KM5，将电阻器切除，电动机快速上升。当轿厢经过各楼层的时候，轿厢上的切换导板将各楼层的转换开关 SA2L 与 SA3L 按左断右通的方式转换。

在轿厢刚进入所要达到的 4 层楼的平层减速区的时候，SA4L 转换开关动作，使 KS 失电，KS 的常开触点（24-106）断开，使 KM 断电（此时 KM1 有电）。主电路中 KM 触点断开，使电动机定子断电，同时 YT 断电，绕组放电，此时制动器提供一定的制动力矩使电动机快速减速。当电动机速度降到 250r/min 的时候，速度开关 Q 使得 KM4 接通，电动机的低速绕组接通，则电动机再次得电。KM4 的常闭触点（15-17）断开，使 2KT 断电，2KT 的常闭触点延时接通 KM3，将启动电阻短接，电动机低速运行，直到平层停车。在轿厢到达 4 层平层就位时，即为井道内顶置铁块进行向上平层感应器 KSB 的磁路空隙，KSB 触点（50-48）断开，使运行继电器 KYX 断电，其常开触点会使上行继电器 KM1 或下行继电器 KM2 失电，电动机停车，同时 YT 断电，制动器抱闸，开门上下人。

总之，轿厢在正常工作时为快速运行，轿厢减速而准备停车时为慢速运行。而检修电梯时，需缓慢地升降，并且停车的位置不受平层感应器的限制，可使用慢速点动控制按钮 SB1 来完成。

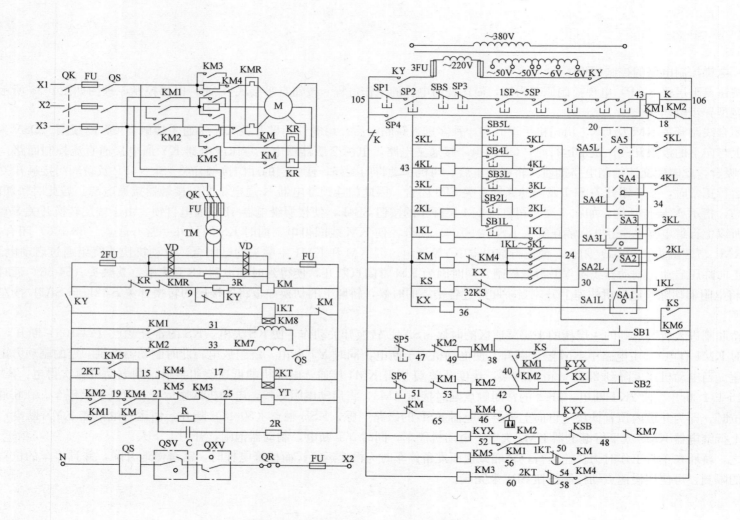

图 6-30 按钮自平层式（AP）电梯控制原理

7 识读建筑弱电工程图

7.1 识读通信网络系统工程图

1. 识读有线电视系统工程图

有线电视系统工程图主要包括有线电视系统图和有线电视平面图两部分,二者用于描述有线电视系统的连接关系及系统施工方法。系统中部件的参数与安装位置在图中都已标注清楚。

某小区1号住宅楼有线电视前端系统如图7-1所示。该系统接收2频道、10频道、12频道、15频道、21频道、27频道及33频道共计7个频道(ch)的开路电视节目。其中,15频道与21频道共用一副天线、27频道和33频道共用一副天线,经分配器分路,并用滤波器分离出各自的信号。所有开路电视频道的电视信号都用频道变换器作了频道转换,以防接收图像上出现重影干扰。系统还接收东经105.5°及东经100.5°两颗卫星的电视节目,其中接收的105.5°卫星电视节目为NTSC制式,不同于我国标准彩色电视制式PAL,所以在卫星电视接收机后加入了电视制式转换器,以使有线电视系统中传送的电视信号统一为我国标准彩色电视制式。前端输出的电平为104dB。

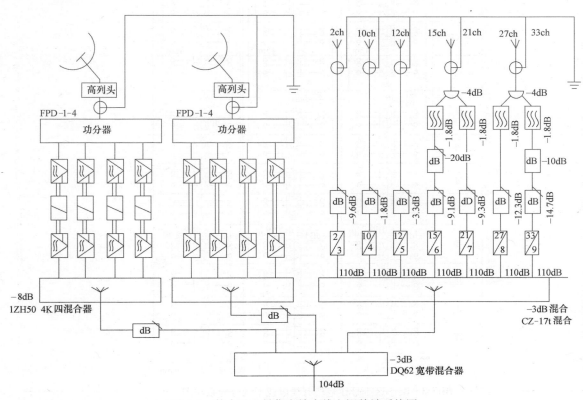

图7-1 某小区1号住宅楼有线电视前端系统图

某小区1号住宅楼有线电视干线分配系统图如图7-2所示。来自系统前端的信号被送至12层楼的分配箱的干线放大器,将信号放大25dB后,再由二分配器分配经SYWV-75-5型同轴电缆送至1号住宅楼及其他住宅楼。1号住宅楼的电视信号用三分配器分成三路分别向三个单元进行输送。单元每层楼的墙上暗装有器件箱,器件箱内有分支器等器件。为使各层楼的信号电平一致,所以四层楼分为一组,每层楼装有一个四分支器与一个二分支器。分支器主路输入端与主路输出端串联使用,由支路输出端经SYWV-75-5型同轴电缆将信号送到用户端。

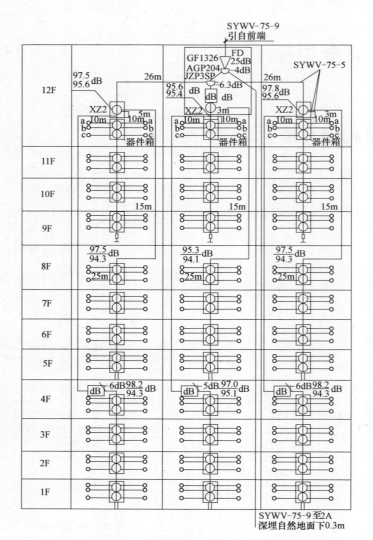

图7-2 某小区1号住宅楼有线电视干线分配系统图

7 识读建筑弱电工程图

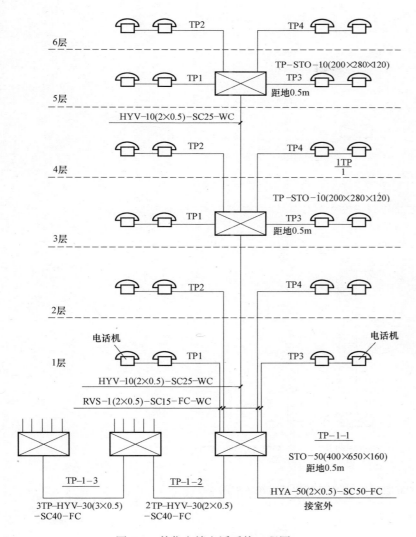

图7-3 某住宅楼电话系统工程图

2. 识读电话通信系统工程图

（1）住宅楼电话系统工程图

某住宅楼电话系统工程图如图7-3所示。

从图中可以看出，进户使用 HYA-50（2×0.5）型电话电缆，采用50对线电缆，每根线芯的直径为0.5mm，穿直径50mm的焊接钢管埋地敷设。电话分线箱 TP-1-1 为一只50对线电话分线箱，型号 STO-50。箱体外形尺寸为 400mm×650mm×160mm，安装高度距地0.5m。进线电缆在箱内同本单元分户线和分户电缆及到下一单元的干线电缆连接。下一单元的干线电缆为 HYV-30（2×0.5）型电话电缆，电缆为30对线，每根线的直径为0.5mm，穿直径40mm的焊接钢管埋地敷设。

1、2层用户线从电话分线箱 TP-1-1 引出，各用户线使用 RVS 型双绞线，每条的直径0.5mm，穿直径为15mm 焊接钢管埋地、沿墙暗敷设（SC15-FC-WC）。从 TP-1-1 到3层电话分线箱用一根电缆，为10对线，型号为 HYV-10（2×0.5），穿直径25mm 的焊接钢管沿墙暗敷设。在3层与5层各设一个电话分线箱，型号为 STO-10，箱体的外形尺寸为 200mm×280mm×120mm，都为10对线电话分线箱，安装高度为0.5m。3～5层也使用一根电缆，电缆为10对线。3层和5层电话分线箱分别连接上下层四户的用户电话出线口，都使用 RVS 型双绞线，每条直径0.5mm。每户内有两个电话出线口。

电话电缆从室外埋地敷设引处，穿直径50mm 的焊接钢管引入建筑物（SC50），钢管连接至1层 PT-1-1 箱。到另外两个单元分线箱的钢管，横向埋地敷设。

单元干线电缆 TP 从 TP-1-1 箱向左下到楼梯对面墙，干线电缆沿墙从1层向上到5层，3层与5层分别装有电话分线箱，从各层的电话分线箱引出本层及上一层的用户电话线。

（2）综合楼电话系统工程图

某综合楼电话系统工程图如图7-4所示。

综合楼电话系统工程图中没有画出电缆的进线，首层的电话分线箱（型号为STO-30）F-1为30对线，箱体外形尺寸为400mm×650mm×160mm。首层有三个电话出线口，箱左边线管内穿一对电话线，箱右边线管内穿两对电话线，到第一个电话出线口分出一对线，再向右边线管内穿剩下的一对电话线。

2、3层分别为10对线电话分线箱（型号为STO-10）F-2、F-3，箱体的外形尺寸为200mm×280mm×120mm。每层有两个电话出线口。电话分线箱间使用10对线电话电缆，电缆线型号为HYV-10（2×0.5），穿直径25mm的焊接钢管埋地、沿墙暗敷设（SC25-FC，WC）。到电话出线口的电话线都为RVB型并行线[RVB-（2×0.5）-SC15-FC]，穿直径15mm的焊接钢管进行埋地敷设。

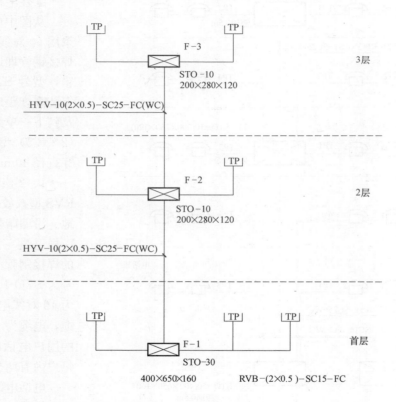

图7-4 某综合楼电话系统工程图

7 识读建筑弱电工程图

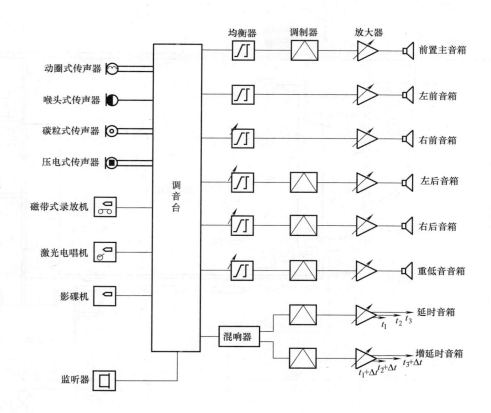

图 7-5 某舞厅广播音响系统图

3. 识读广播音响系统工程图

广播音响系统工程图主要包括广播音响系统图、广播音响配线平面图以及广播音响设备布置图等图纸。

广播音响系统图主要表述整套系统的组成与功能,如图 7-5 所示,因该系统为舞厅使用,所以留有较多的传声器输入端口。同时,节目源也包括了声音与图像两部分,图像部分的系统构成在本图中省略。所有声音信号进入调音台进行放大及各种音效处理后输出。输出端采用了多音箱多声道的方式,用来满足不同声音效果的需要。为了控制人员能及时控制声音的特殊效果,在控制室设有监听器,以使控制室对设备调整后的音效能及时得到反馈。

某多功能厅的扩声设备平面图如图7-6所示,扩声及控制设备设于控制室之外。在舞台上左右两侧各设有前置音箱与混响音箱,大厅的后面设有移动音箱。为了满足出现特殊情况时的需要,在舞台上预留有电声插座。音响控制柜落地安装,主扬声器落地设置,混响音箱悬挂于墙上,后侧移动音箱落地放置,并在墙上预留埋件以备悬挂音箱使用。

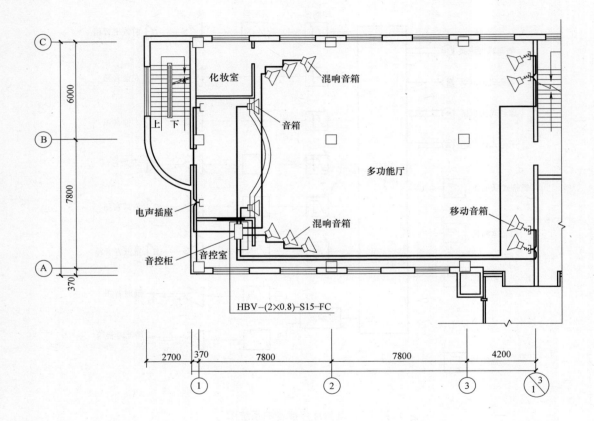

图7-6 某多功能厅广播音响平面图

7 识读建筑弱电工程图

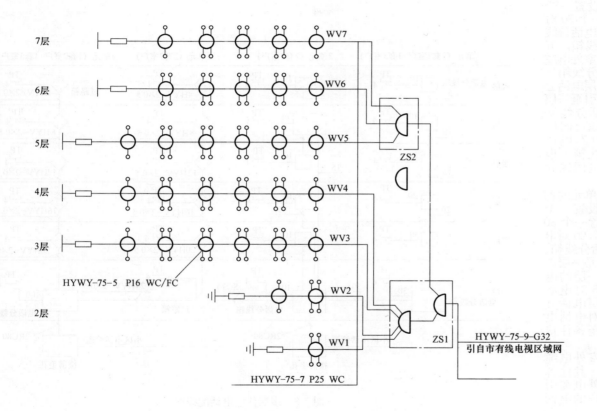

图 7-7 有线电视系统图

【例 7-1】 识读有线电视系统图。

图 7-7 为有线电视系统图，从图中可以看出：

(1) 该建筑物的有线电视信号引自市有线电视区域网，是用 HYWY-75-9 型号的同轴电缆穿直径为 32mm 的钢管引来，先进入 2 层编号为 ZS1 接线箱中的二分配器（如果电视信号电平不足，可在二分配器前加线路放大器），再分配至 ZS1 接线箱中的四分配器和安装在 5 层编号为 ZS2 接线箱中的三分配器。

(2) ZS1 接线箱中的四分配器又分成四路，编号为 WV1、WV2、WV3、WV4，采用 HYWY-75-7 型号的同轴电缆穿直径为 25mm 的塑料管向 2～4 层配线。

(3) ZS2 接线箱中的三分配器也分成三路，编号为 WV5、WV6、WV7，向 5～7 层配线。

(4) 在 WV3 分配回路接有 4 个四分支器和两个二分支器，分支线采用 HYWY-75-5 型号的同轴电缆穿直径为 16mm 的塑料管沿墙或地面暗配，分别配至电视信号终端（电视插座）。

【例 7-2】 识读多层住宅电话配线图。

图 7-8 为多层住宅电话配线图，从图中可以看出：

（1）由图中的 1 单元可以看出，在各单元的各层均设置电话分线箱，室外电缆引入处设置一个 100 对电话分线箱，其他单元的一层设置一个 30 对电话分线箱，所有单元二层设置一个 30 对电话分线箱，三层、四层各设置一个 20 对电话分线箱，五层、六层各设置一个 10 对电话分线箱。从室外电缆引入处电话分线箱引至每个单元一层电话分线箱一根 30 对电话电缆，一层电话分线箱引至二层电话分线箱一根 25 对电话电缆，二层电话分线箱引至三层电话分线箱一根 20 对电话电缆，三层电话分线箱引至四层电话分线箱一根 15 对电话电缆，四层电话分线箱引至五层电话分线箱一根 10 对电话电缆，五层电话分线箱引至六层电话分线箱一根 5 对电话电缆，再经各电话分接箱将电话线分配至各住户的电话插座上。

（2）由图中的 2 单元可以看出，在各单元的各层均设置电话分线箱，室外电缆引入处设置一个 100 对电话分线箱，在其他单元的一层设置一个 30 对电话分线箱，所有单元的五层各设置一个 20 对电话分线箱，其他各层各设置一个 10 对电话分线箱。从室外电缆引入处电话分线箱引至每个单元一层电话分线箱一根 30 对电话电缆，从各单元一层的电话分线箱引至五层的电话分线箱一根 15 对电话电缆，从各单元一层的电话分线箱和五层电话分线箱引至其他层的电话分线箱各一根 5 对电话电缆。再经过各电话分线箱将电话线分配至各住户的电话插座上。

（3）由图中的 3 单元可以看出，除室外电缆引入处设置一个 100 对电话分线箱以外，其他各单元各楼层均不设置电话分线箱。从室外电缆引入处电话分线箱将电话线直接引至各住户的电话插座上。

（4）由图中的 4 单元可以看出，在室外电缆引入处设置一个 100 对电话分线箱，其他单元的一层设置一个 30 对电话分线箱。从室外电缆引入处电话分线箱引至其他单元一层电话分线箱各一根 30 对电话电缆，经各单元一层电话分线箱将电话线分配至各住户的电话插座上。多层住宅楼电话配线系统的第四种方案如图所示中的 4 单元。

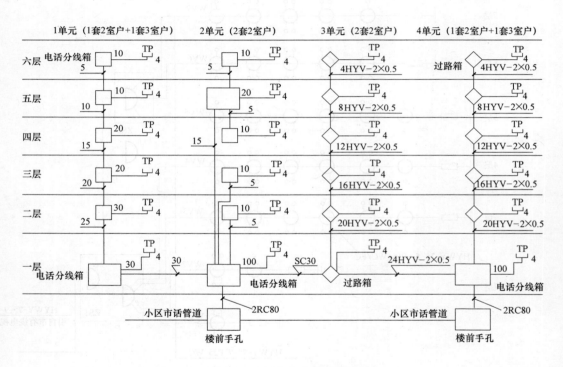

图 7-8 多层住宅电话配线图

7 识读建筑弱电工程图

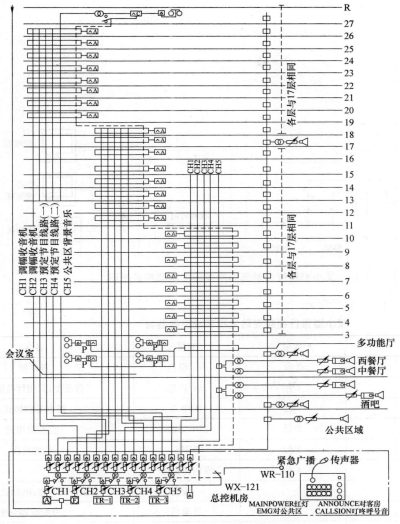

图 7-9 某高级宾馆广播音响系统图

【例 7-3】 识读某高级宾馆广播音响系统图。

图 7-9 为某高级宾馆广播音响系统图，从图中可以看出：

（1）A、F、TR-1、TR-2、TR-3 分别为五路音响的信号源，其中两路为广播段的调幅/调频收音机，另三路为播放音乐的录音机，各自经音量调节后把信号源送至前置放大器的输入端。

（2）经前置放大器输出的音频信号由紧急广播的继电器 WX-121 的常闭触点送至功率放大器的输入端。

（3）经过功率放大器放大之后，音频信号以电压输送的形式由主干线送至弱电管井中的接线板，作为上、下两层之间的垂直连接及本楼层各客房之间的横向连接。

（4）所有公共区域的背景音乐由单独一路功率放大器专门提供，每层均设置供音量调节的控制器。

（5）客房采用 A 型控制器供五路音响调节及音量调节，会议室和多功能厅采用 B 型控制器，不但有音乐选择、音量控制，并且留有本身注入点供扩大器的扬声器输入、功率输出以完成本地的会议扩音用。

（6）茶座采用 C 型控制器，除了播放背景音乐以外，本身设有一个注入点，以供本地广播用。

（7）WX-121 为紧急广播控制继电器，WR-110 紧急广播控制中的传声器和相关按钮与其配合。

7.2 识读安全防范系统工程图

1. 识读视频安防监控系统图

(1) 某小型银行金融部门的视频安防监控系统图如图7-10所示。

1) 设计要求应能够实现对柜台来客情况、门口人员出入情况、现金出纳台以及金库进行监视和记录。除了中心控制室进行监视和记录以外,在经理室也可选择所需要的监视图像。

2) 图7-10中为了简化线路,未画出切换器控制电压的传输线路。其设备器材见表7-1。

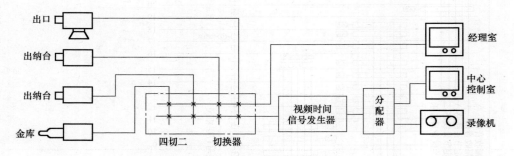

图7-10 某小型银行金融部门的视频安防监控系统图

某小型银行视频安防监控系统设备器材 表7-1

名称	数量	规格	备注
摄像机	3台	1in,彩色	普及型
摄像机	1台	1in,彩色	普及型,采用针孔镜头
切换器	1台	四切二	继电器切换式
监视器	2台	25~51cm	收、监两用式
录像机	1台	VHS	录、放两用
摄像机罩	4套	室内防护型	—
云台	—	一般型	固定式3套、电动式1套
视频分配器	1台	普通型	二分配或四分配
视频时间信号发生器	1台	普通型	—

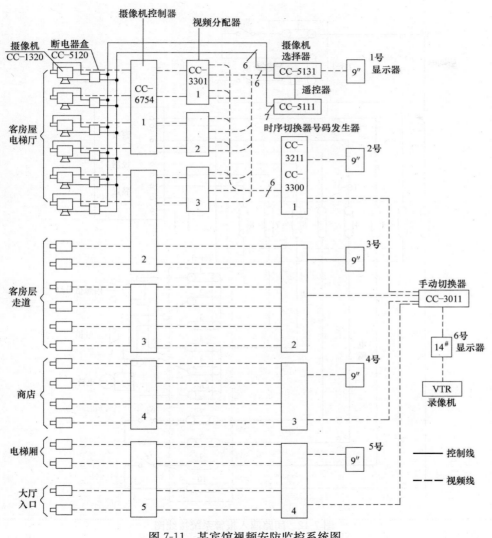

图 7-11　某宾馆视频安防监控系统图

(2) 某宾馆的视频安防监控系统图。如图 7-11 所示为某宾馆安防监控电视（CCTV）系统图。共有 20 台 CC-1320 型 1/2inCCD 固体黑白摄像机，其最低工作照度为 0.4lx，水平清晰度 400 线，信噪比为 50dB。电源由摄像机控制器 CC-6754 来提供，使用"CS"型接口镜头。

该工程 CCTV 系统的监控室与火灾自动报警控制中心及广播室共用一室，使用面积为 30m^2，地面采用活动架空木地板，架空高度 0.25m，房间门宽为 1m，高 2.1m，室内温度要求控制在 16～30℃，相对湿度要求控制在 30%～75%。控制柜正面距墙净距大于 1.2m，背面与侧面距墙净距大于 0.8m。CCTV 系统的供电电源要求安全可靠，电压偏移要小于±10%。

2. 识读防盗报警系统图

（1）闭路闯入报警系统：如图 7-12 所示为闭路闯入报警系统接线图，适用于只有两个入口通道的商场或其他场所。

S_1 和 S_2 为常闭磁簧开关，装于后入口通道的门上，并接到阻挡接线板 TB-1 上，再通过双线平行电缆接到警报控制装置附近的 TB-2。

S_3 为位于前门的常闭开关，S_4 为前门附近的常开键锁开关。它们接至 TB-3，并且通过四线电缆（或一对双线电缆）将电路延长在 TB-2 上。

电铃、电笛以及闪光信号灯全部接于 TB-3 上，位置要较高，它们的引线用绝缘带将其绑在一起，从 TB-3 端子 3 和 4 引出线接至 TB-2。接线板 TB-2 与 TB-3 应装于金属盒内，以防触电。为防止闯入者将 S_1、S_2 旁路拆掉，TB-1 也要安装于金属盒内，或者装设于隐蔽的场所。

TB-2 的端子 2、3、4 和 5 通过四线缆接在警报控制装置的接线端子上；端子 6 和 7 的引线要采用较粗的导线。端子 8 接地。

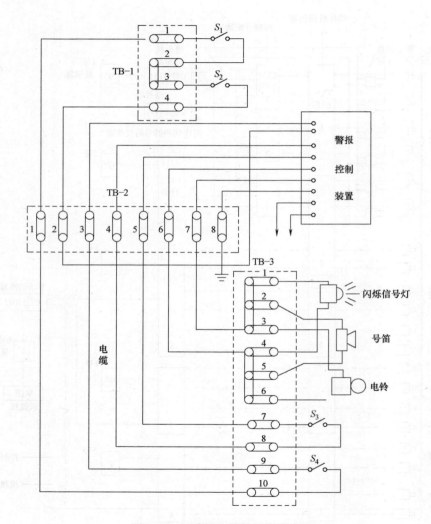

图 7-12 闭路闯入报警系统接线图

如图 7-13 所示为警报控制装置的电路图。端子 8 和 9 与交流电源相连接。该装置由电子定时器、继电器、电动式定时开关及直流电源组成。

正常状态下,大楼内有人工作时,开关 S_1 处于断开(OFF)位置,此时系统不能动作,工作人员下班后,将 S_1 置于接通(ON)的位置,此时系统处于"戒备"状态。

本系统的工作过程为:闭合开关 S_1,交流电源被加于变压器 B_1 的初级线圈上,通过继电器 J_2 的常闭触头 1-2 加到变压器 B_2 的初级线圈上。由 B_1 供电的桥式整流器输出 6V 直流电使继电器 J_1 吸合,于是 J_1 的触头 5-6 闭合,并使该继电器自锁于通电位置。同时,6V 交流电源从 B_2 的次级线圈引出,加于继电器 J_1 线圈上,常闭触头 1-2 便断开。

经过一定的延时(延时时间由电阻 R_1 调整),继电器 J_2 线圈通电动作,常闭触头 1-2 断开,常开触头 2-3 闭合,将交流电源加到继电器 J_1 的触点 2。

前门关闭后,按键开关 S_4 断开。使继电器 J_2 断电释放,常闭触头 1-2 重新闭合,使双向晶闸管短路。此时,系统处于"警戒"状态。因继电器 J_1 通电,触头 1-2 断开,所以交流电不能通过双向晶闸管和电动式时间继电器 MT,以及变压器 B_3 的初级线圈。

当关闭按钮 S_2 或在任一个传感器(S_1、S_2 或 S_3)断开,或闭合回路的导线被切断,系统将会受到触发;继电器 J_1 释放,其触头 5-6 断开,从而切断通往 B_1 初级线圈的电源;此时触头 1-2 闭合,使电压加到电动式时间继电器及其触点 2,并加于 B_1 的初级线圈上。MT 的触头 1-2 闭合后,电铃、电笛及闪光信号灯工作,及时发出报警信号。

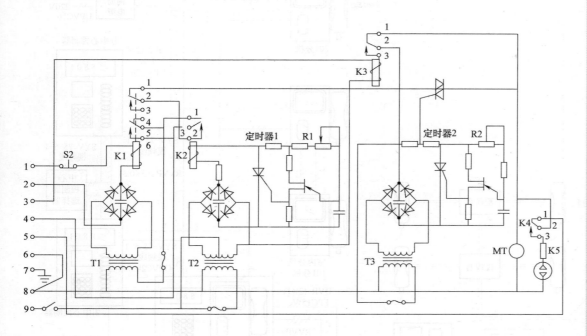

图 7-13 警报控制装置电路图

(2) 可视对讲防盗系统：是一种兼备图像、语言对讲和防盗功能的可视对讲防盗系统，目前在一些高级公寓（高层商住楼）或住宅小区已得到应用。可视对讲防盗系统原理图如图 7-14 所示。

该系统主要由主机（室外机）、录像机、分机（室内机）、管理中心控制器、电控锁以及不间断电源装置组成。它能为来访客人与住户提供双向通话（可视电话），住户通过显示图像确认后，便可遥控入口大门的电控锁。同时还具有向治安值班室（管理中心）紧急报警的功能。如图 7-15 所示为该系统的安装接线图。

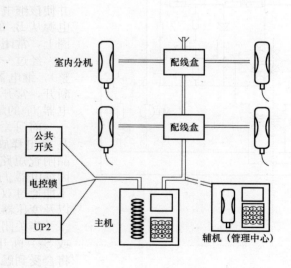

图 7-14 可视对讲防盗系统原理图

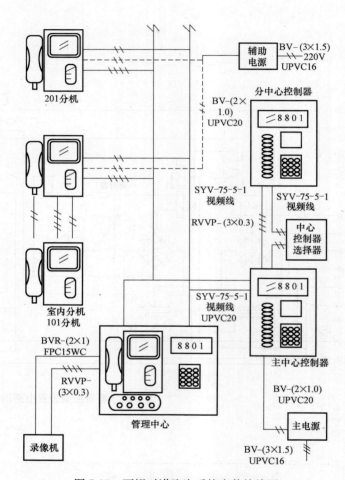

图 7-15 可视对讲防盗系统安装接线图

7 识读建筑弱电工程图

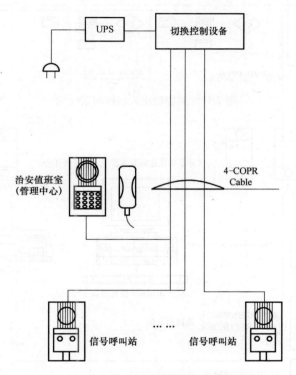

图 7-16　内部对讲系统示意图

（3）内部对讲系统：内部对讲系统主要用于流动的保安人员或固定值守部位间及同治安值班室（管理中心）间，互相联络或通信联系，有助于互通信息，且能够提高管理水平。此系统也能为治安值班室及时各种报警信号核查，并在紧急情况下对突发事件迅速做出反应，向公安机关"110"台报警，如图 7-16 所示。

3. 识读出入口控制系统图

某宾馆出入口控制系统图如图 7-17 所示。该系统由出口控制管理主机、电控锁、读卡器以及控制器等部分组成。各出入口的管理控制器电源由 LYPS 电源通过 BV-3×2.5 线统一提供，电源线穿 $\phi15$ 的 SC 管暗敷设。出入口控制管理主机和出入口数据控制器间采用 RVVP-4×1.0 线进行连接。该系统中在出入口管理主机引入消防信号，如有火灾发生时，门禁将被打开。

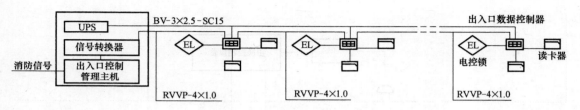

图 7-17 某宾馆出入口控制系统图

4. 识读电子巡更系统图

如图 7-18 所示为某办公大楼电子巡更系统图。该系统采用给定程序线路上的巡更开关或巡更读卡机，可保证巡更人员能够按规定顺序在巡更区域内的巡更点巡逻，同时也可保障巡更人员的安全。

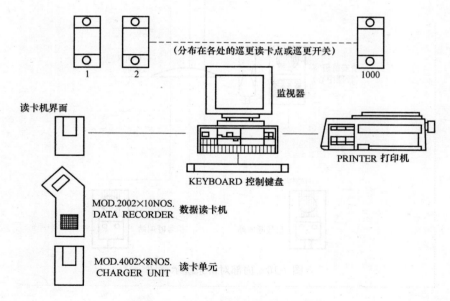

图 7-18 某办公大楼电子巡更系统图

7 识读建筑弱电工程图

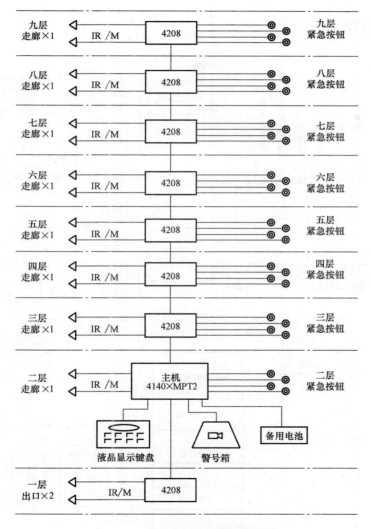

图 7-19 某办公楼防盗报警系统图

【例 7-4】 识读某办公楼防盗报警系统图。

图 7-19 为某办公楼防盗报警系统图,从图中可以看出:

(1) 信号输入点共 52 点。

1) 1R/M 探测器为被动红外/微波双鉴式探测器,共 20 点,一层两个出入口(内侧左右各一个),两个出入口共 4 个;二至九层走廊两头各装一个,共 16 个。

2) 紧急按钮二~九层每层 4 个,共 32 个。

(2) 扩展器 "4208",为 8 地址(仅用 4/6 区),每层一个。

(3) 配线为总线制,施工中敷线注意隐蔽。

(4) 主机 4140XMPT2 为 ADEMCO(美)大型多功能主机。该主机有 9 个基本接线防区,总线式结构,扩充防区十分方便,可扩充多达 87 个防区,并具有多重密码、布防时间设定、自动拨号及"黑匣子"记录功能。

7.3 识读火灾自动报警系统与消防联动控制系统工程图

1. 识读火灾自动报警系统与消防联动控制系统图

如图 7-20 所示为规模较大、外控设备较多的火灾自动报警及联动系统图。这个系统图主要反映了某建筑中火灾自动报警的组成、功能及作用，系统中各设备间的关系。消防中心一般设有火灾报警控制器和联动控制器、CRT 显示器、消防广播及消防电话，并配有主机电源与备用电源。每一层楼都分别装设层楼火灾显示器，火灾自动报警采用二总线输入，每一回路都装设感烟探测器、水流指示器、感温探测器、消防栓按钮及手动报警按钮等，并装有短路隔离器。

联动控制为总线制、多线制输出，通过控制模块或双切换盒与设备相连接，被告联动控制器的有消防泵、喷淋泵、排烟风机、正压送风机、电梯、稳压奔流、新风机、空调机、防火阀、防火卷帘门、排烟阀以及正压送风警铃等。

报警装置主要有声光报警器、消防广播等。

当某楼面发生火灾，并被火灾探测器检测到之后，将立即传输给火灾自动报警器，经消防中心确认后，CRT 显示出火灾的楼层及对应部位，并打印火灾发生的时间与地点，开启消防广播，指挥灭火，并动员疏散，火灾重复显示器显示出着火层楼与部位，指示人们朝安全的地方避难。联动装置开启着火区域上、下层的排烟阀与排烟风机，启动避难层（室）的正压送风机并打开正压送风阀。关闭热泵、供回水泵及空调器送风机的电源，电梯降到底层，关闭电动防火卷帘门，防止火势蔓延，消防电梯切换到备用电源上接通事故照明与疏散照明，切断非消防电源。自动消防系统的喷淋头喷水后，此层的水流指示器有信号传送至消防中心，喷淋泵自动投入运行。消火栓给水系统，可由消防中心遥控启动或将消火栓内的手动报警按钮的玻璃敲碎，按钮动作，启动消防泵，以便于灭火。

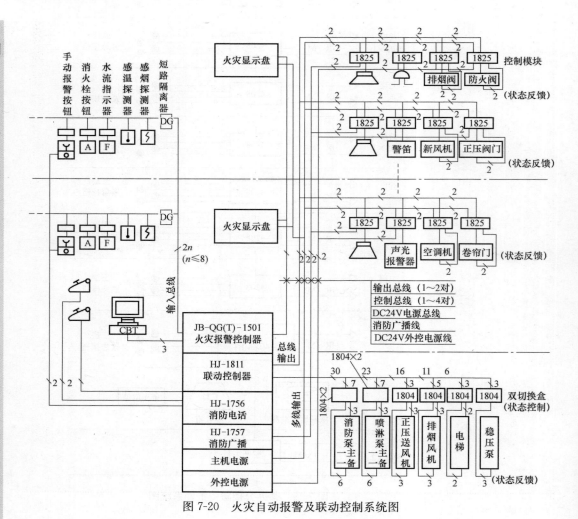

图 7-20 火灾自动报警及联动控制系统图

7 识读建筑弱电工程图

2. 识读火灾自动报警系统平面图

如图 7-21 所示为某大厦 22 层火灾报警平面图,在消防电梯前室内装有区域火灾报警器(或层楼显示器),主要用于报警及显示着火区域,输入总线接到弱电竖井中的接线箱,再通过垂直桥架中的防火电缆接至消防中心。整个楼面装有 27 只地址编码底的感烟探测器,采用二总线制,用塑料护套屏蔽电缆 RVVP-2×1.0 穿电线管(TC20)的敷设,接线时应注意正负极性,走廊平顶设置了 8 个消防广播喇叭箱,主要用于通知、背景音乐及紧急时广播,用 2×1.5mm² 的塑料软线穿 ϕ20 的电线管于平顶中敷设。走廊内共设置了 4 个消火栓箱,箱内装有带指示灯的报警按钮,当发生火灾时,只需敲碎按钮箱玻璃便可报警。消火栓按钮线采用 4×2.5mm² 的塑料铜芯线穿 ϕ25 电线管,沿筒体垂直的敷设至消防中心或消防泵控制器。D 为控制模块,D221 为前室正压送风阀控制模块,D222 为电梯厅排烟阀控制模块,从弱电竖井接线箱敷设 ϕ20 电线管至控制模块,穿 BV-4×1.5 导线。F 为水流指示器,通过输入模块与二总线相连接。SA 为消火栓按钮箱;B 为消防扬声器;SB 为指示灯的报警按钮,含有输入模块;Y 为感烟探测器;ARL 为楼层显示器(或区域报警器)。

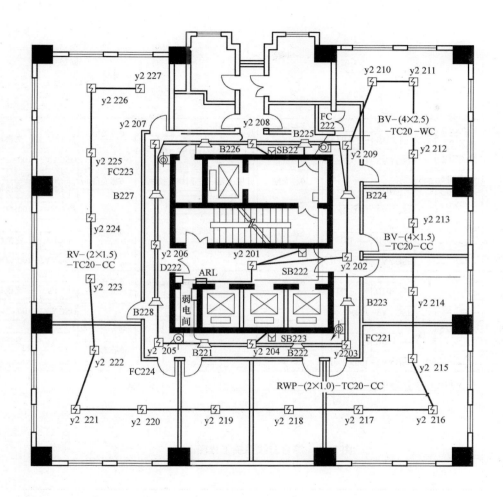

图 7-21 某大厦 22 层火灾报警平面图

7.4 识读综合布线系统工程图

1. 识读综合布线系统工程图

综合布线工程系统图第一种标注方式,如图7-22所示。

如图中所示的电话线由户外公网引入,接到主配线间或用户交换机房,机房内有4台110PB2-900FT型900线配线架及1台用户交换机(PABX)。图中所示的其他信息由主机房中的计算机处理,主机房中有服务器、网络交换机、1中900线配线架及1台120芯光纤总配线架。

电话与信息输出线,每个楼层各使用一根100对干线3类大对数电缆(HSGYV3100×2×0.5),另外,每个楼层还使用一根6芯光缆。

每个楼层都设有楼层配线架(FD),大对数电缆应接入配线架,用户使用3、5类8芯电缆(HSYV5 4×2×0.5)。

光缆先接入光纤配线架(LIU),转换成电信号后,再经集线器(HUB)或交换机分路后,接入楼层配线架(FD)。

在图中左侧1F的右边,V46表示本层有46个语音出线口,D36表示本层有36个数据出线口,M2则表示本层有2个视像监控口。

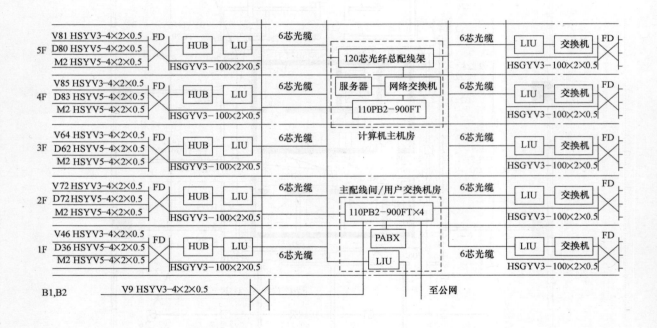

图7-22 综合布线系统工程图(一)

7 识读建筑弱电工程图

综合布线工程系统图的另一种标注方式如图 7-23 所示。图中的信息引入点为：程控交换机引入外网电话；集线器（Switch HUB）引入计算机数据信息。电话语音信息使用 10 条 3 类 50 对非屏蔽双绞线电缆（1010050UTP×10），1010 是电缆型号。计算机数据信息使用 5 条 5 类 4 对非屏蔽双绞线电缆（1061004UTP×5），电缆型号为 1061。主电缆引入各楼层配线架（FDFX），每层 1 条 5 类 4 对电缆、2 条 3 类 50 对电缆。配线架为 300 对线 110P 型，配线架型号为 110PB2-300FT，3EA 表示 3 个配线架。188D3 为 300 对线配线架背板，用来安装配线架。从配线架输出各信息插座，为 5 类 4 对非屏蔽双绞线电缆，按信息插座数量确定电缆条数，一层（F1）有 73 个信息插座，因此有 73 条电缆。模块信息插座型号为 M100BH-246，模块信息插座面板型号为 M12A-246，面板为双插座型。

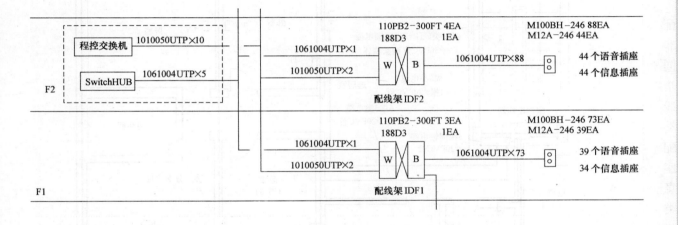

图 7-23 综合布线系统工程图（二）

2. 识读综合布线系统工程平面图

住宅楼综合布线工程平面图，如图 7-24 所示。

如图中所示信息线由楼道内配电箱引入室内，有 4 根 5 类 4 对非屏蔽双绞线电缆（UTP）和 2 根同轴电缆，穿 $\phi30$PVC 管在墙体内暗敷，每户室内装有一只家居配线箱，配线箱内有双绞线电缆分接端子与电视分配器，本户为 3 分配器。户内每个房间均有电话插座（TP），起居室与书房有数据信息插座（TO），每个插座用 1 根 5 类 UTP 电缆与家居配线箱连接。户内各居室均有电视插座（TV），用 3 根同轴电缆与家居配线箱内分配器相连接，墙两侧安装的电视插座用二分支器分配电视信号。户内电缆穿 $\phi20$PVC 管于墙体内暗敷。

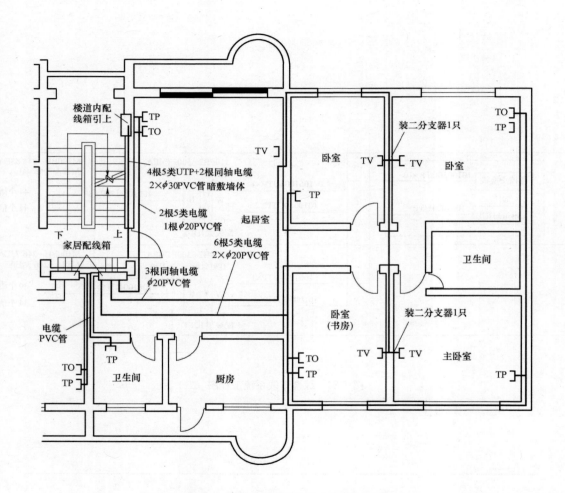

图 7-24　某住宅楼综合布线工程平面图

7 识读建筑弱电工程图

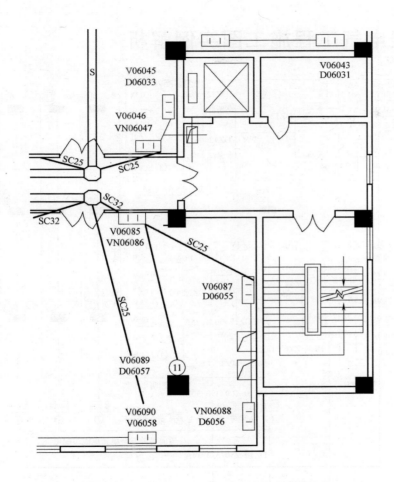

图 7-25 某写字楼综合布线工程平面图（局部）

写字楼综合布线工程平面图（局部），如图 7-25 所示。

图中信息插座标，应标出楼层、插座编号、信息类型。06 表示第 6 层。87、55 表示插座编号，插座编号按信息类型分别进行排列。D 表示数据信息插座；V 表示电话插座；VN 表示内线电话插座。

8 某小区 1~6 号砌体结构住宅楼电气工程施工图实例解析

图 8-1 为电气系统图，从图中可以看出：

（1）最下面的虚线框表示电源电缆线自外部引入，经分线箱至建筑物内的 π 接箱，然后经过分界开关接入总配电箱①。

（2）在配电箱①内，电缆分成两路：一路引出至另外三个单元；另一路向上，经过总电度表、电流互感器和总空气开关后再分成左、右和向上三路。左右两路供首层两个分配电箱，向上一路引至二~三层电度表箱。楼道公共照明单独供电。

（3）1 号住宅楼四个单元共 24 户，设计设备容量 $P_e=192kW$，计算容量 $P_j=76.8kW$，表示一般情况下的实际用电量为 76.8kW。需要系数为 $K_x=0.4$，且 $K_x=P_j/P_e$，即经常性的实际用电量占总设备容量的 40%。系统的计算电流 $I_j=116A$，它是根据下述三相交流电路理论计算公式得到的。

$$I_j=\frac{P_j}{\sqrt{3}U\cos\phi}=\frac{76800}{\sqrt{3}\times380\times1.0}=116A$$

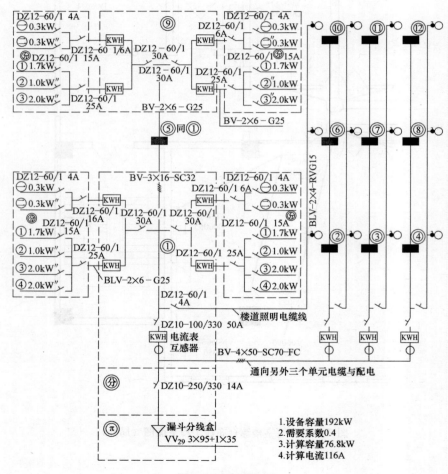

图 8-1 电气系统图

8 某小区1~6号砌体结构住宅楼电气工程施工图实例解析

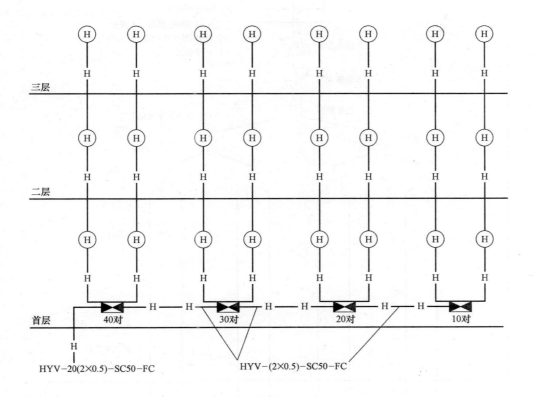

图8-2 电话工程系统图

图8-2为电话工程系统图，从图中可以看出：

(1) 读图按自下而上、自左至右顺序进行。其中有三条水平线，横线左边分别标有首层、二层和三层。电话线自首层外部引入到规格为40对的电话组线箱，电话线由此箱向上穿两根立管敷设，每根立管内穿入三对电话线。两根电话线分别通到1号住宅楼一单元首层的两户内，另外四对电话线继续沿立管分别通向二层和三层住户内。

(2) 其余电话线从40对电话组线箱内引到规格为30对的电话组线箱里，取6对电话线沿二单元立管通到二单元的6户住宅内。其余的电话线依次从30对电话组线箱再向20对和10对电话组线箱敷设，再分别沿立管敷设到三单元和四单元各住户。

(3) 对数为10、20的电话组线箱的土建预留孔洞尺寸为440mm×790mm×160mm。对数为30、40的电话组线箱的土建预留孔洞尺寸为540mm×890mm×160mm。电话组线箱为暗装。箱底距地0.3m。

图 8-3 为电视天线系统图，从图中可以看出：

（1）图的上方是电视接收天线，接收天线一般固定在"出"字形支架上。最上面的虚线是避雷针。中间部分是电视信号处理及干线传输环节，包括混合器、放大器、干线射频同轴电缆以及分配器等。

（2）图中的下面部分是分配分支网络。其作用是将电视信号均匀地送到各住户房间内。每户一个电视插座，四个单元共有 24 个电视插座（用户盒）。

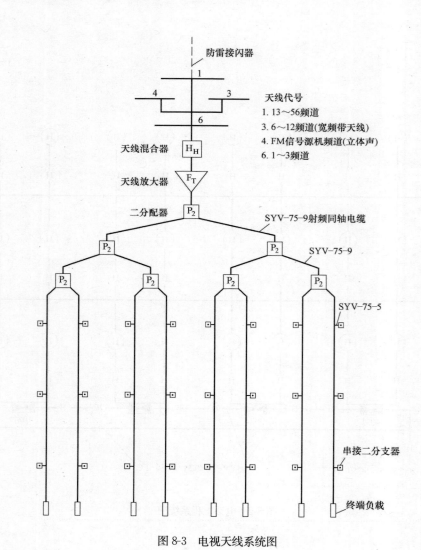

图 8-3 电视天线系统图

8 某小区 1～6 号砌体结构住宅楼电气工程施工图实例解析

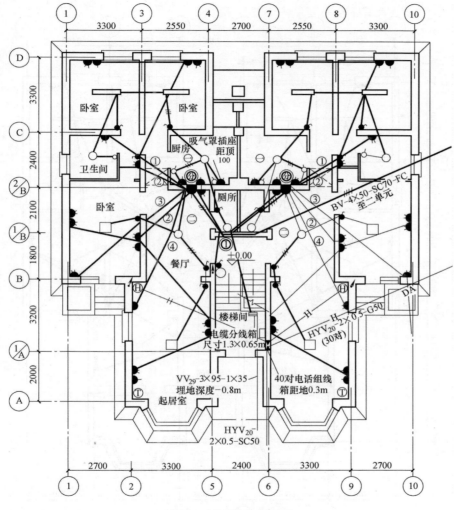

图 8-4 首层电气平面图

图 8-4 为首层电气平面图，从图中可以看出：

（1）电源进线自地面 0.8m 深从⑥轴线左侧引入到楼梯间电缆分线箱，再由分线箱引到总配电箱①，然后分成四条支路，第一路向右通向二单元，第二路通向楼梯照明灯具和开关，第三路为两条导线通向右边分配电箱②，第四路也是两条导线，引至左边分配电箱②。以图中左侧为例，自分配电箱②引导线通向厨房、卧室和卫生间照明用电，该线路用⊖表示。自分配电箱②引导线通向餐厅、卧室、起居室照明用电，该线路用⊜表示。图中编号为①②③④支线路为分别通向左边各房间的插座。

（2）图中⑥轴线墙体上有 20 对电话线（HYV_{20}-2×0.5-SC50）自 40 对电话组线箱引来。从组线箱输出三路电话线支管，一路通向二单元的 30 对电话组线箱，敷设方式为 HYV_{20}-2×0.5-SC50。另外两路分别通向本单元②、⑨轴线与Ⓑ轴线交叉处的电话机安装位置Ⓗ，而且在Ⓗ处画有带箭头的管线引上符号，表示电话线路沿此平面位置向二层、三层延伸敷设。穿线时应注意到，每户电话线是独立自交换机房引来的，只是在不同的路由上共同穿在某一根管子中而已。

（3）图中②、⑨轴与Ⓐ轴相交处画有Ⓣ符号，表示电视系统用户盒的安装位置。旁边带箭头引向符号表示首层电视用户终端盒是自上引来的。

175

电气施工图识读

图 8-5 为二层电气平面图，从图中可以看出：

(1) 二层电气平面图的识图方法与首层基本相同，它与首层的主要区别在于：起居室的面积比首层小，没有首层电源、电话的引入线路，层高为 2.7m，首层总配电箱①的位置被配电箱⑤替代，楼梯照明灯具与控制开关处没有与配电箱⑤连接，但灯具左边墙内有导线自下引上符号，②、⑨轴线旁边的电视天线插座处有同轴电缆的自上引来再引下双箭头符号，电话机旁的引向符号也是双箭头，表示自下引来再引上。

(2) 另外，自配电箱⑤向左右两侧㉓配电箱引有两根导线，自配电箱㉓引线到⊖、⊖是照明供电，自㉓向①②③④②引线是暗装插座线路。

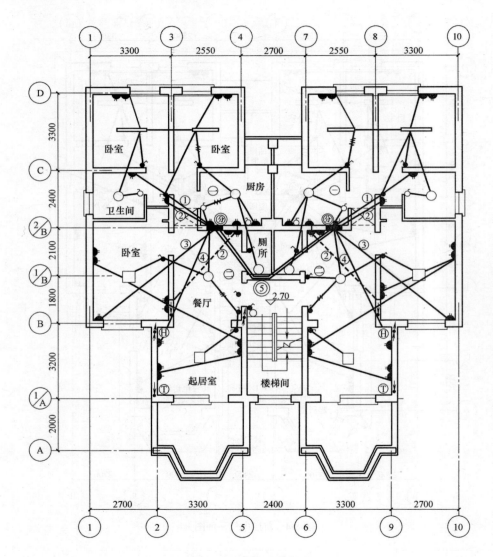

图 8-5 二层电气平面图

8 某小区 1～6 号砌体结构住宅楼电气工程施工图实例解析

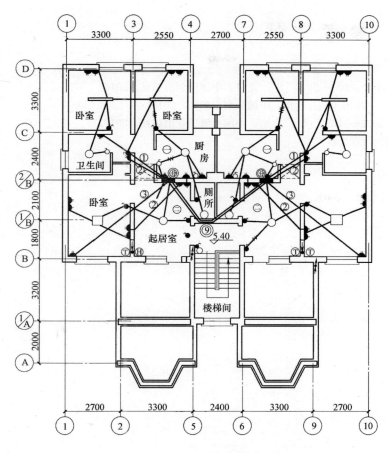

图 8-6 三层电气平面图

图 8-6 为三层电气平面图，从图中可以看出：

(1) 本图与二层相比，房间面积更小，餐厅位置被起居室替代，层高为 5.4m。配电箱⑤位置被⑩替代，电话机与电视机位置做了调整，电视机插座旁边的引向符号表示电视视频信号是由建筑物楼顶上的天线引来的，并且此视频信号线路继续沿视频电缆向二层和首层敷设。

(2) 自⑩箱向左右两侧引双路导线至㊉箱。自㊉箱向⊖、⊜引照明线路，自㊉向①②③②引线分别引至三层各个房间安装插座位置。

参 考 文 献

[1] 中华人民共和国住房和城乡建设部. 房屋建筑制图统一标准 GB/T 50001—2010 [S]. 北京：中国计划出版社，2010.
[2] 中华人民共和国住房和城乡建设部. 总图制图标准 GB/T 50103—2010 [S]. 北京：中国计划出版社，2010.
[3] 中华人民共和国住房和城乡建设部. 建筑电气制图标准 GB/T 50786—2012 [S]. 北京：中国建筑工业出版社，2012.
[4] 史新. 建筑电气工程快速识图技巧 [M]. 北京：化学工业出版社，2013.
[5] 吴光路. 怎样识读建筑电路图 [M]. 北京：化学工业出版社，2010.
[6] 夏国明. 建筑电气工程图识读 [M]. 北京：机械工业出版社，2010.
[7] 吴成东. 怎样阅读建筑电气工程图 [M]. 北京：中国建材工业出版社，2001.
[8] 王佳. 建筑电气识图 [M]. 北京：中国电力出版社，2008.